Antonio Damasio

Inteligencia natural y la lógica de la consciencia

imago mundi

Antonio Damasio

Inteligencia natural y la lógica de la consciencia

Traducción de Sion Serra Lopes

Ediciones Destino Colección Imago Mundi **Volumen 393**

Título original: *Natural Intelligence and the Logic of Consciousness*

Ediciones Destino, un sello editorial de Editorial Planeta, S. A.
Avda. Diagonal, 662-664, 08034 Barcelona (España)
www.planetadelibros.com
www.edestino.es

Primera edición: noviembre de 2025
ISBN: 978-84-233-6873-0
Depósito legal: B. 18.220-2025
Composición: Realización Planeta
Impresión y encuadernación: CPI Black Print
Printed in Spain - Impreso en España

ÍNDICE

COMIENZOS

I. EL PROBLEMA DE GENERAR CONSCIENCIA Y UN BOCETO DE POSIBLES SOLUCIONES

II. PROFUNDIZAR EN LAS SOLUCIONES

III. AHORA QUE YA SABEMOS

IV. REFLEXIONES A LA POSTRE

COMIENZOS

I

INTELIGENCIA NATURAL Y LA LÓGICA DE LA CONSCIENCIA

Este libro trata de las aventuras de la inteligencia natural, que empezaron con la creación de la vida —nada menos que el comienzo de una nueva y asombrosa forma de existencia destinada a morir— y continuaron con el extraordinario desarrollo de las mentes, los sentimientos y la consciencia.

A lo largo del siglo XX, una serie de hallazgos nos han permitido empezar a comprender la vida, pero esta todavía es un hecho insólito y deslumbrante, de una sofisticación extravagante pero discreta, que apenas llama la atención y, sin embargo, posee un sinfín de brillantes tretas a las que debe su aparente eternidad. La vida es el don que nos ha proporcionado organismos unicelulares, los más omnipresentes de los cuales son las bacterias, que viven sin saberlo, que se buscan la vida de forma impecable pero sin saber cómo buscársela, ni qué buscar.[1] Esa microscópica extrañeza empezó a suceder hace unos 4.000 millones de años, pero demos un salto de otros 2.500: para entonces, la naturaleza empezaba a producir organismos más complejos, con muchas células, entre ellos seres admirables como las plantas y los árboles. Pensemos en las secuoyas de California, que se elevan cientos de metros en el aire, contemplemos sus maravillosas copas y sus imbricados sistemas de raíces.[2] Por complejos y bellos que sean, esos organismos tampoco son capaces de darse cuenta de su propia existencia, y mucho menos de reconocer la complejidad de su funcionamiento o del de otros seres vivos.

Pero las inteligencias naturales aún tenían más prodigios que revelar. Sin conformarse con un mundo lleno de criaturas astutas pero inconscientes, la naturaleza pasó a inventar organismos dotados de *mente*, fabricados por obra y gracia de otra increíble primicia, los *sistemas nerviosos*, que empezaron a surgir hace unos 500 millones de años. ¿Y qué significa tener una mente? En términos generales, significa poseer la *representación privada de imágenes mentales generadas por un sistema nervioso*. Esas imágenes *representan* todo lo que nos rodea —*calcan* objetos, otros organismos vivos y acontecimientos en los que participan—, pero no solo eso; lo importante es que las imágenes mentales también *retratan* nuestras vísceras *y* su funcionamiento como parte de su cometido de regular y mantener la vida. Al hacerlo, *representan, en forma de sentimientos, los componentes corporales y las acciones implicadas en los estados internos de nuestros organismos*. En otras palabras, al hacer uso de todos nuestros sentidos, las imágenes mentales *representan* agentes y acciones, no solo fuera de nuestros organismos sino también, lo que es más importante, en su interior. Al hacerlo, las imágenes mentales crean el tipo de espectáculo multimedia interno y privado para el que un buen día se inventaron, como sucedáneos, el cine y el sonido grabado. No nos traguemos ni por un momento que la invención del cine surgió de la nada. Tal y como lo veo, fue un admirable intento de imitar las realidades naturalmente animadas y «cinematográficas» de nuestras mentes. Que el intento tuvo éxito es algo indiscutible, pero la extraordinaria obra maestra que produce cada una de nuestras mentes todavía es el mayor espectáculo del mundo.

Las imágenes mentales más comunes son los patrones de luz o sonido, que representan a otras criaturas vivas y lo que hacen, así como a objetos y acciones —o partes de ellos— que componen el mundo que nos rodea. Por ejemplo, la música y las palabras que oímos están basadas en imágenes acústicas que forma nuestra mente, pero el tacto, el olfato y el gusto también son patrones imagéticos. Las imágenes pueden representar en cada una de nuestras mentes *lo que sea* que nos rodea, incluidos otros organismos o cualquiera de sus rasgos físicos y acciones.

Pero el otro tipo de imágenes mentales, sin duda no menos importantes que las imágenes de nuestro entorno, son las de nuestro propio interior a las que me he referido antes. Esas imágenes complejas constituyen los sentimientos y su papel es sumamente importante y único: *describen, para cada uno de nosotros, nuestro estado vital en el interior del organismo*, con sus variaciones, un estado que hay que vigilar y regular si queremos seguir vivos. No sorprende que esas imágenes correspondan a menudo a una lucha o una negociación.

En resumen, la sed evolutiva de inteligencia natural no se vio saciada por el trascendental desarrollo de la capacidad de representar imagéticamente nuestro entorno. Otra novedad radical ha estado oculta entre bastidores, lista para enriquecer las mentes y contribuir a la conservación de la vida: se llama *sentimiento*.

Sentimiento es una de las pocas palabras técnicas de este libro que, a primera vista, no parece exigir una definición a bote pronto, aunque esa impresión no es cierta. Por supuesto, todos estamos familiarizados con los sentimientos. Bienestar o malestar, hambre o sed, calor o frío, dolor o placer son ejemplos de sentimientos de un tipo particular, e incluso cuentan con un hiperónimo técnico, un término paraguas: *sentimientos homeostáticos*. Esto se debe a que contribuyen al proceso crucial de regulación de la vida, cuyo objetivo es mantener nuestros organismos en el rango ideal de *homeostasis*, dentro de los valores compatibles con la continuación de la vida. Sin embargo, esta no es la única variedad de sentimientos en el repertorio de la naturaleza. Cuando sentimos emociones de alegría o tristeza, ira o miedo, hablamos de sentimientos «emocionales», en lugar de «homeostáticos», porque forman parte del proceso emocional natural y su función inmediata no es la conservación de la vida.

En resumidas cuentas, hay que distinguir el abanico de sentimientos que sirven a la regulación de la vida, al mantener la necesaria homeostasis, de aquellos que nos permiten vivir nuestras emociones. Pero es aún más importante distinguir los sentimientos propiamente dichos de las emociones.[3]

Aunque los sentimientos homeostáticos son algo que todos podemos sentir y reconocer, su elaboración a nivel fisiológico permanece envuelta en misterio, incluso para la ciencia. Estos fenómenos en apariencia insignificantes, que cada lector conoce perfectamente, son los discretos héroes de este libro, por dos motivos. El primero es porque creo que puedo explicar el origen de los sentimientos homeostáticos en nuestro organismo y revelar al menos una parte de su incómodo secreto. El segundo motivo, que sin duda resultará sorprendente, es que estoy convencido de que *la consciencia la debemos, en efecto, a los sentimientos homeostáticos*. Estos han abierto la puerta a la consciencia para que entre en la gran película de la vida debido a su intrínseca *subjetividad*. Los sentimientos homeostáticos apuntan inequívocamente a un *propietario*. De forma espontánea, hacen saber a su organismo que están presentes y cuál es su lugar en el gran orden de las cosas en la mente respectiva de su organismo al igual que en el cuerpo respectivo de su organismo. Aquí hay que hacer otro inciso: en primer lugar, porque la idea de que la consciencia sería consecuente con los sentimientos homeostáticos supone un desvío radical respecto al enfoque tradicional de este problema; y en segundo lugar, porque la noción de consciencia, incluso en mayor medida que la de sentimientos, requiere una introducción adecuada.

Por lo general, los seres humanos inteligentes están cómodos con sus procesos psicológicos, e incluso los entienden de forma intuitiva, pero, cuando se les pregunta por la consciencia, se quedan desorientados. ¿Qué es la consciencia? ¿Qué hace la consciencia por nosotros? ¿Cómo la crean los organismos? ¿Es la consciencia algo realmente distinto de la mente? Son preguntas que descolocan. La consciencia constituye, sin duda, un enigma profundo.

Tal vez no deba sorprendernos que se hayan propuesto muchas explicaciones acerca de qué es la consciencia y cómo se origina, pero ninguna ha sido lo bastante convincente como para aclarar la cuestión de forma satisfactoria y mucho menos definitiva (véanse los capítulos 14 y 23). Esos intentos proceden de distintos ámbitos —filosófico, científico y técnico— y no reflejan un acuerdo previo entre sus proponentes sobre lo que hay que explicar. La situación tiene su qué de irritante y los enigmas no resueltos de la consciencia se han convertido en una especie de motivo de vergüenza. En resumen, ¿cómo se construye la consciencia? ¿De qué está hecha? ¿Qué señales nos indican que la consciencia está operativa? Creo que la neurobiología puede dar respuestas satisfactorias a estas preguntas y permitirnos, al mismo tiempo, explicar lo que la consciencia brinda a quienes la tienen, y dar así un paso más en nuestra comprensión de la condición humana. Para ello, antes de seguir adelante, necesitamos una visión general de los problemas que hemos intentado resolver y de la forma en que pensamos abordarlos en este libro.

2

LOS ENIGMAS DE LA CONSCIENCIA

I

Lo que me motivó en un primer momento a escribir este libro fue la posibilidad de explicar, de forma convincente, cómo se fabrica la consciencia y qué nos aporta como humanos. ¿Qué es, pues, la consciencia? Según la definición más sucinta que puedo dar a estas alturas del libro, la consciencia es *el proceso biológico que nos permite a cada uno darnos cuenta de nuestra propia vida como hecho individual.* En otras palabras, tal y como yo lo veo, ser conscientes nos permite sentir que *estamos vivos*, que *existimos*. Gracias a la consciencia podemos concluir que tenemos una mente, intuir su naturaleza *privada* e incluso suponer que tenemos una sola mente y no varias.

En términos prácticos, nada existe para ninguno de nosotros hasta que (y a menos que) seamos conscientes: *solo existimos, en el sentido propio de la palabra, si y cuando estamos despiertos y conscientes.* Aunque creo que esta concepción de la consciencia capta la realidad del proceso, habrá quienes no estén de acuerdo. De hecho, existen varias concepciones de la consciencia, procedentes de distintas tradiciones intelectuales, y hay cierto embrollo al respecto. Por desgracia, el conocimiento (y no hablemos ya de consenso) acerca de cómo se construye la consciencia es aún más escaso. Nuestra maquinaria neurobiológica parece lograrla sin esfuerzo, pero la ciencia no ha dado con una explicación satisfactoria, y mucho menos consensual, para este avance biológico al que llamamos consciencia.

Tenemos todo un libro por delante para explicar las maquinaciones biológicas que se esconden tras el huidizo proceso de la consciencia y su sutil entrada en nuestro ser. Pero esto no es una novela de suspense y por eso he levantado el velo del misterio y he declarado sin pudor que *la consciencia es consecuencia directa de los sentimientos homeostáticos*, algo radical que prometo justificar explicando, además, de qué modo los sentimientos son lo que son y hacen lo que hacen.

Y aún tengo más sorpresas. Como sabrá el lector, suele decirse que «si tenemos sentimientos es ante todo *porque* somos conscientes». Pues bien, yo defiendo que esto no solo es falso sino que en realidad es todo lo contrario. Y según lo que veo, lo correcto es más bien: *para ser conscientes, tenemos que poder sentir*.

Resulta que nada es baladí cuando pensamos en la realidad de las mentes como parte de los organismos vivientes. Y, sin embargo, hay que reconocer que la extraordinaria realidad de las mentes humanas y sus logros solo se nos dieron a conocer porque somos seres dotados de consciencia. Ella permitió que los organismos estuvieran pendientes de sus destinos individuales y de los de otros individuos semejantes a su alrededor. La consciencia brindó motivos para existir e inspiró a los individuos, ahora conscientes, a actuar de forma proactiva e ingeniosa, por sí mismos ¡y por otros por quienes *sintieran*! La consciencia hizo que las mentes se volvieran creativas. Se convirtió en la madrina de la capacidad de inventar. Sin ella, no habrían existido Bach, Mozart o Beethoven; ni tampoco Shakespeare; ni Darwin o William James; ni Einstein; ni siquiera Watson o Crick.

Cuán maravilloso habría sido anunciar que la invención natural de la consciencia no trajo consigo nada de malo. Por desgracia, no fue así, como el lector probablemente sospeche.

II

Una vez que los sentimientos y la consciencia iniciaron su andadura, se abrió una nueva fase en las aventuras de la inteligencia natural. Según creo, los sentimientos homeostáticos y sus principales consecuencias, la subjetividad y la consciencia, pasaron a formar parte de las mentes, y el resultado fueron las *mentes conscientes*, es decir, mentes fabricadas por el cerebro de un organismo concreto en cooperación con el cuerpo de ese organismo, mentes que podían ser *sentidas* por cada organismo, desde una perspectiva subjetiva, como parte de su cuerpo y como pertenecientes a ese organismo y solo a él.

Más importante aún, las mentes conscientes no eran —ni son— exclusivas de los humanos. Como explicaremos más adelante, la consciencia fue un avance biológico fundamental que hizo más viable y segura la vida de los organismos complejos. La inteligencia natural se tomó un día —una temporada, más bien— para desarrollar la consciencia, la probó y la mejoró en un gran surtido de criaturas vivientes antes de que aparecieran los humanos. Los primeros beneficiarios de la consciencia en el curso de la evolución aún existen: criaturas conscientes que vuelan en nuestro espacio, que nadan en nuestros mares y que visitamos en el zoo o vemos en un safari, por no hablar de las mascotas, por supuesto.

Con todo, la capacidad creativa de las mentes humanas es muy distinta. Por eso, cuando aparecieron los humanos conscientes, sus comportamientos y creaciones rutinarias cambiaron radicalmente y alcanzaron nuevos logros. Un ejemplo elocuente: los humanos desarrollaron la música, un medio para expresar cómo se sentían y qué sentían por los demás y por la vida que vivían. La música era un medio de comunicación y enriquecimiento personal. Y no menos importante, también desarrollaron los idiomas, con los que han podido transmitir con cierta precisión sus pensamientos a otros humanos, y conocer a su vez, también con cierta exactitud, qué pensaban ellos. Además, fueron capaces de explorar y modificar el mundo que los rodeaba generando nuevas y complejas estructuras sociales y culturales. Se creó la agricultura, y con ella los bienes resultantes, que no solo se consumían, sino que también se intercambiaban y vendían, y lo mismo ocurrió con la invención de dispositivos de ingeniería que ampliaron el alcance de la creatividad humana. Lo que siguió fue la invención y aplicación de las estrategias de gobernanza necesarias para resolver los conflictos derivados de tantas novedades culturales. Me refiero a estrategias que hoy conocemos bajo nombres como *economía* y *política*, *justicia*, *religiones* y, por último pero no por ello menos importante, *las artes* —no solo la música y la literatura, que se benefician del lenguaje, sino también la escultura, el dibujo y la pintura, la danza y el teatro, en formas y estilos en constante evolución—. Con el tiempo, surgió la posibilidad de pensar de forma sistemática en las formas y los medios de las mentes humanas y de las sociedades que se estaban creando a partir de nuevas y complejas formas de vida. Nació entonces la filosofía como medio para reflexionar sobre las creaciones de la vida y como peculiar precursora de las ciencias naturales y la ingeniería actuales. Una vertiginosa senda de crecimiento y expansión.[1]

III

Han transcurrido varios milenios de civilización humana desde el ensamblaje de instrumentos culturales fruto de la inteligencia natural clásica. Gracias a la consciencia y a la creatividad a la que sostiene, la inteligencia natural ha aupado imperios y los ha derrocado, ha permitido el desarrollo de religiones y promovido su rechazo o la adhesión a estas. Se le puede atribuir un sinfín de guerras por creencias, por la propiedad o por doctrinas políticas; pero también notables logros artísticos y científicos y triunfos tecnológicos. No es una mala racha de victorias en absoluto, pero nos conduce a un dilema. En nuestra era de seres humanos inteligentes, inmensamente creativos y artísticos, la inteligencia natural ha logrado producir y adaptarse a las cumbres de la evolución humana, pero también nos ha abocado a peligrosos abismos. Estamos rodeados de máquinas de guerra cada vez más sofisticadas, y nos acecha la pesadilla del cambio climático y sus consecuencias: hambrunas, plagas, incendios e inundaciones, destrucción, ingobernabilidad. Y es posible que el más problemático de todos los abismos sea el exitoso ascenso de la «inteligencia artificial», cuyas consecuencias sociales solo ahora se están apreciando con la debida seriedad.

Hasta hace poco, la mayoría de los instrumentos de la civilización humana eran producto de la inteligencia natural tradicional. Ahora, en lo que supone un considerable desvío respecto a nuestro pasado, irrumpe a quemarropa un tipo de inteligencia supuestamente nuevo. Me refiero al amplio abanico de desarrollos designados como inteligencia artificial (IA). No perdamos de vista que la IA la han inventado en su totalidad los humanos y que, obviamente, tiene su origen en el amplio abanico de las inteligencias naturales. Al principio, el adjetivo *artificial* tenía que ver sobre todo con el hecho de que los logros de la IA se producían en dispositivos no vivos fabricados con materiales no vivos y que algunos eran lo suficientemente pequeños como para caber en la palma de una mano.

Y, sin embargo, los novedosos instrumentos y las redes que utilizan y apoyan su funcionamiento han entrado en nuestras vidas con todo tipo de trampas y han ido mucho más allá de nuestras ingenuas expectativas. Nos encontramos cercados por prodigios técnicos que imitan de forma tan asombrosa aspectos del intelecto y el comportamiento humanos que los humanos que los inventaron merecen sin duda nuestra admiración. Pero si algunos de esos instrumentos contribuyen al bienestar humano, también se utilizan para tergiversar los hechos y socavar aspectos fundamentales de los procesos sociales y políticos que asociamos con una existencia sana y moral. Y no se trata solo de que esos desarrollos puedan causar mucho daño a manos de personas malintencionadas. Existe la posibilidad real de que su practicidad y su componente adictivo aparten valiosos logros humanos que han hecho la vida más sana, feliz y noble; me refiero a las artes y la filosofía, las ciencias y las diversas formas de educación del espíritu que dieron a los humanos su nobleza. La amenaza que se cierne sobre la humanidad es real, y eso que la presunta amenaza mayor —la inteligencia artificial general— aún no ha entrado en escena.

IV

Sin embargo, no deberíamos achacar solamente a la IA los riesgos a los que se enfrenta el ser humano. Es evidente que la IA, junto con las polifacéticas crisis sociales y políticas en las que hoy nos hallamos inmersos, son el resultado, en buena medida, de las creaciones de la inteligencia natural. Y aquí habría que plantear una cuestión inquietante: ¿cómo ha sido posible que la inteligencia natural, que con tanta eficacia ha protegido y mejorado nuestras vidas a lo largo de la historia de la humanidad, nos haya arrastrado tan lejos? Los intentos de responder a esta pregunta mientras diseccionamos el tejido de los conflictos humanos actuales nos llevan, necesariamente, a una consecuencia crucial de la inteligencia natural: *consciencia*, habilitadora de la subjetividad, de la capacidad de actuar de forma independiente, y del poder creador de los organismos humanos. La consciencia es responsable de nuestra *capacidad como individuos* de *sentir nuestra mente operando* dentro de nuestro organismo vivo; y de la de *experimentar el sufrimiento o el disfrute* resultante del estado de nuestro propio proceso vital en cada momento concreto. Pero la consciencia también es responsable de *la creatividad* con la que cada uno puede contrarrestar las amenazas a su existencia y averiguar la posibilidad de una acción constructiva.

Las mentes conscientes fueron la base indispensable de las culturas humanas y la razón por la que importa lo que sentimos, pensamos, decimos y hacemos. No podemos ignorar esta realidad y, por ello, arrojar luz sobre los orígenes y los mecanismos de las mentes conscientes —que es el principal programa y cometido de este libro— es indispensable para comprender la actual y preocupante condición de la humanidad. Pero hay un objetivo estrechamente relacionado —o tal vez deberíamos decir simplemente una esperanza— de proporcionar una comprensión novedosa y exhaustiva del funcionamiento de las mentes conscientes que nos ayude a encontrar mejores abordajes de la problemática evolución de las culturas humanas y amortiguar la difícil situación de los seres humanos a los que afecta. Quizá algunos de los logros de las inteligencias naturales puedan reorientarse para salvar a la humanidad del abismo al que se ha llevado a sí misma.

3

UN MÉTODO Y UN PLAN

Creo que merece la pena decir a los lectores sobre qué se pretende escribir, en especial se trata de un tema tan esotérico como la consciencia. Básicamente, escribo a) sobre cómo la inteligencia natural consiguió *introducir* la consciencia en los organismos vivos, como nosotros, y b) sobre las *consecuencias de ser conscientes en el mundo en que vivimos*. Mi principal objetivo es explicar cómo se fabrica realmente la consciencia. Por eso, antes de ofrecer mi perspectiva sobre cómo la naturaleza hizo su labor, explicaré lo que entiendo por consciencia.[1]

Gran parte de las ideas que defiendo se apoyan en hechos científicos contrastados, algunos de ellos bastante recientes, pero no rechazo las teorías e hipótesis que aún no han sido probadas; tampoco me abstengo de abordar varias veces las mismas cuestiones, desde ángulos ligeramente diferentes, con la esperanza de acercarme a una explicación plausible.

Definir la consciencia

Las ideas que orientan mi trabajo sobre la consciencia se basan principalmente en estudios de tres áreas del conocimiento: la *filosofía*, la *psicología*, y un conjunto de disciplinas que incluye la *biología general*, la *neurología clínica* y la *neurociencia*. Partiendo de este contexto, la descripción más general que puedo ofrecer es la que reconoce la *consciencia* como *un proceso biológico que permite que los organismos dotados de un sistema nervioso descubran su propia existencia y la de un universo que los rodea*.

1. La consciencia es privada. Las experiencias resultantes de que un organismo sea consciente solo son accesibles desde el interior de ese organismo singular, consciente. Tales experiencias no pueden observarse desde el exterior del individuo consciente, aunque van acompañadas de signos reveladores que pueden sugerir la presencia de consciencia a otros individuos conscientes.
2. La consciencia es una ventaja para cualquier organismo dotado de ella; la vida autogobernada de los organismos complejos requiere la perspectiva subjetiva que es central en la consciencia.

La consciencia y la mente son procesos distintos. La consciencia proporciona a la mente un lugar en el universo. La consciencia está al servicio de la mente. Consiste precisamente en *ubicar con precisión un proceso mental concreto en* una parte específica y única del universo: *el cuerpo dentro del cual se está creando un paisaje mental completo y privado con la ayuda del cerebro*.

En resumen, la consciencia consiste en conectar espontáneamente un proceso mental específico con el organismo/cuerpo singular en el que se fabrica esa mente con la ayuda del sistema nervioso.

Un plan

En «Comienzos» se ha introducido el problema de la consciencia en el contexto de la inteligencia natural. Partiendo de reflexiones filosóficas complementadas con hallazgos de la biología general, la neurología clínica y la neurociencia, el libro ofrece mis respuestas a dos preguntas principales: i) cómo se fabrica la consciencia, y ii) cómo afecta a quienes la tienen.

La parte I del libro se titula «El problema de generar consciencia y un boceto de posibles soluciones». En ella se analiza la consciencia como solución natural al problema de la regulación de la vida en organismos complejos, vulnerables y finitos dotados de sistemas nerviosos y mentes. La parte II, titulada «Profundizar en las soluciones», analiza la solución biológica que propongo sobre la construcción de la consciencia. Explica a) cómo la interocepción y sus mecanismos neurobiológicos producen sentimientos homeostáticos, y b) de qué modo logran que los procesos mentales integrados también sean conscientes.

En la parte III, «Ahora que ya sabemos», el objetivo es comparar y contrastar la solución de la consciencia que he propuesto para los humanos con los procesos de detección de bacterias y plantas que permiten su supervivencia en ausencia de consciencia. Los otros capítulos abordan las consecuencias sociales humanas de la consciencia y ofrecen un contraste entre la inteligencia natural y los sorprendentes avances de la inteligencia artificial. La parte III concluye con un reconocimiento a los mentores y colegas responsables de mi propio desarrollo y, en el caso de algunos de ellos, de contribuir específicamente a este libro.

En la parte IV, titulada «Reflexiones a la postre», comparto una serie de apuntes sobre la importancia de la inteligencia natural y la expansión de la consciencia.

I

EL PROBLEMA DE GENERAR CONSCIENCIA Y UN BOCETO DE POSIBLES SOLUCIONES

4

EN MIS MENTES

I

Las mentes son los mejores escenarios de juego, extraños lugares resultantes de la conjunción de un cuerpo con su sistema nervioso, en los que se llega a describir el universo, sus características y lo que ocurre en él. Las mentes son también *procesos* biológicos que permiten la emergencia de la *subjetividad* y de la *consciencia*, y que generan una *mente consciente subjetiva* y *sintiente*.

Detrás de lo que dio en llamarse «la mente» existen varias facetas y procesos mentales tan bien entrelazados que apenas reparamos en que sus orígenes, métodos y logros son muy variados. Es cierto que, para que nuestras vidas transcurran de forma normal y productiva, deben funcionar juntos; pero, si queremos comprender sus distintas contribuciones, debemos intentar separarlos y observarlos de manera individual.

Uno de los tipos fundamentales de proceso mental se refiere al interior del cuerpo. Lo llamaré *mente sintiente*, ya que produce continuamente sentimientos elaborados que dan cuenta del estado de nuestro interior. Tal y como he señalado antes, esos sentimientos también se conocen como homeostáticos, pues su función principal es ayudarnos en el proceso de regulación de la vida, también conocido como *homeostasis*. Sin embargo, a menudo los sentimientos homeostáticos parecen ser apartados por los productos de otro proceso mental fundamental: la *mente perceptiva*. Ese apartamiento es más aparente que real. Los sentimientos homeostáticos siguen produciéndose, pero ahora centramos, además, nuestra limitada atención en lo que percibimos fuera de nuestro cuerpo. La mente perceptiva es el espectáculo multimedia de las personas, los lugares, los objetos y los acontecimientos que nos rodean como una continua y acaparadora producción. La vista, el oído, el tacto, el olfato y el gusto son los protagonistas de este espectáculo, pero ciertas imágenes de nuestros movimientos involuntarios completan el panorama. Cuando nos referimos a la «mente» de forma casual, solemos referirnos a la combinación natural de estos dos procesos fundacionales: la mente sintiente y la mente perceptiva.

Habría sido un alivio tener que tratar solo con dos tipos de mente, pero como no hay nada sencillo en la actividad mental, resulta que hay más. Tenemos que describir otros dos tipos de procesos mentales. Al primero lo llamaré *mente reflexiva*, pensante, y precisaré que es la que se apodera de nuestro espacio mental cuando pasamos, instantáneamente, de atender a lo que nos rodea —a través de los procesos perceptivos— a centrarnos en a) nuestras reflexiones sobre lo que acaba de ocurrir en ese entorno; en b) cómo se relacionan esas reflexiones con lo que hemos experimentado en alguna otra ocasión, o en c) cuando dejamos nuestra mente divagar y generar de forma creativa nuevos objetos, acciones o situaciones. El segundo tipo de proceso mental es más convencional. Nos aleja de la mente distraída que divaga y nos lleva hacia el razonamiento centrado y la construcción de nuevas ideas.

No deja de sorprender que todos los procesos de la mente reflexiva reciben valiosos refuerzos en forma de una traducción más o menos completa de los pensamientos que produce, no solo de los nombres de todas las personas y todas las cosas y acciones bajo el sol, sino también introduciendo todos los «si», «y», «pero» y «quizá» que conectan las ideas asociadas a esos nombres a nivel lógico y gramatical. Y, lo más alucinante, ¡todas estas traducciones automáticas se realizarán en *todos* los idiomas que uno sea capaz de dominar! Por eso, las *percepciones* de lo que nos rodea, las *reflexiones* sobre lo que percibimos y las *traducciones lingüísticas paralelas* de todos los elementos, acciones y cualidades que se nos presentan pueden llamarse, simplemente: *la mente perceptiva/reflexiva/lingüística*.

En resumen, cuando intentamos comprender las andanzas mentales del cerebro, hay que tener en cuenta varios procesos muy distintos entre sí. El primero, la mente sintiente, se ocupa del proceso vital, tal y como se desarrolla en nuestro cuerpo. Los sentimientos están comentando el proceso vital en todo instante, y califican cada acontecimiento vital a medida que se produce, juzgándolo mediante una gama afectiva que abarca lo positivo, lo negativo o algún punto intermedio. Es curioso observar que, debido a su primacía e influencia en las operaciones mentales, los sentimientos *califican continuamente* todo lo demás que ocurre en el resto de la mente. Nuestro proceso de pensamiento y sus contenidos son indisociables del acompañamiento coral ininterrumpido de los sentimientos que todo lo van comentando. Tal vez los dramaturgos de la antigua Grecia intuyeron este comentario obligatorio y sentencioso que acompaña a nuestros pensamientos y a ello se deba la invención del coro teatral.

Un segundo proceso es la mente perceptiva, que describe el entorno en su conjunto gracias a nuestros dispositivos de percepción junto con los movimientos voluntarios que producimos en dicho entorno. Un tercer proceso, la mente reflexiva/lingüística, toma la delantera y nos permite reflexionar y recordar, apartar la vista de la ventana de la actividad mental más inmediata y asomarnos a las recámaras de la memoria, reciente o lejana, abarcando no solo lo que acaba de ocurrir, sino también lo ocurrido hace tiempo, o en nuestra imaginación, e incluso lo que ahora somos capaces de imaginar y crear. Estas reflexiones pueden desarrollarse tanto en forma de montaje cinematográfico, sin palabras, como en una narración teatral, verbal, como en una mezcla de ambas, dependiendo de lo que mejor se adapte al estado de ánimo mental y a las necesidades del momento.

II

El hecho de que estén tan exitosamente entrelazadas no debe hacernos creer que esas distintas formas que tiene la mente de hacer sus constructos son simples variantes de un mismo patrón. De hecho, ni siquiera están hechas de la misma fibra. Son distintas en muchos aspectos, entre ellos a) sus fundamentos biológicos intrínsecos, b) su antigüedad evolutiva y c) sus consecuencias funcionales.

La *mente perceptiva* es un entramado enorme pero transparente. Sensores como los ojos, los oídos, las papilas gustativas, las mucosas olfativas y los corpúsculos táctiles de la piel envían al sistema nervioso central descripciones más o menos detalladas de los objetos externos que entran en contacto con ellos. El proceso de la *mente perceptiva* muestra los resultados de todas estas «imágenes» y despliega las descripciones de los objetos y sucesos que se presentaron a los sensores, dentro del sistema nervioso, con destaque para áreas sensoriales específicas de la corteza cerebral. Nótese que se trata de un *proceso unidireccional*. Los sensores ayudan a construir imágenes y exhibirlas en nuestra mente, pero *no pueden reaccionar a las fuentes de las imágenes*. En lo esencial, las analogías clásicas con el cine y las grabaciones de sonido son acertadas. Piensa en rodar una película o grabar su banda sonora y luego exhibir los resultados. Ni la película ni el sonido pueden reaccionar, es decir, actuar de rebote sobre lo que han grabado.

La mente reflexiva/lingüística es un conjunto distinto y heterogéneo de procesos mucho menos transparentes. Sitúa la maquinaria perceptiva, con la que miramos y oímos todo lo que nos rodea en este momento, en el contexto de las imágenes que recopilamos en el pasado. Podemos acceder a imágenes antiguas y mostrarlas en el contexto de otras nuevas. O podemos limitarnos a «desconectar» y recordar sin prestar atención. Una consecuencia práctica de estas maniobras son las comparaciones. Por ejemplo, podemos observar el pasado y el presente en un proceso de pensamiento y reflexión y sacar conclusiones a partir de las diferencias que observamos. El lenguaje contribuye a este proceso ofreciendo palabras distintas para todos los protagonistas, objetos, acciones y cualidades que intervienen en el proceso. Nótese además que la mayoría de las estructuras cerebrales clave necesarias para realizar las complejas operaciones de la reflexión difieren bastante de las que utiliza la mente perceptiva. La mente perceptiva utiliza las cortezas cerebrales primarias y de asociación de las diversas modalidades perceptivas, mientras que la mente reflexiva utiliza las cortezas de asociación de alto orden situadas en las regiones parietal, temporal y frontal, y la mente lingüística se apoya en las cortezas dedicadas al lenguaje, la mayoría de las cuales se sitúan asimétricamente en las regiones frontal y temporal.[1]

Por último, volvemos a la aparentemente humilde *mente sintiente*, con la que empezamos nuestra digresión sobre la mente, ¡pero no nos engañemos! Aunque la mente sintiente pueda parecer poca cosa, sorprende por su complejidad y resulta imprescindible para toda la empresa mental.[2] El punto más importante debería ser obvio y, sin embargo, se ignora sistemáticamente. A primera vista, el sistema nervioso responsable por la Mente Sintiente parece estar haciendo lo mismo que hace en el caso de los procesos de la *mente perceptiva* y la *mente reflexiva/lingüística*, es decir, registrar objetos y acontecimientos que ocurren *dentro del cuerpo*, usando la misma disposición que ayuda a registrar los objetos y acontecimientos presentes en el entorno externo o registrados en la memoria. Sin embargo, lo que el sistema nervioso hace en relación con el interior del cuerpo no solo es diferente, sino también mucho más complejo. El sistema nervioso tiene en cuenta lo que ocurre en el interior del cuerpo del organismo, por supuesto, pero sucede que *el propio sistema nervioso está dentro de ese mismo cuerpo*. ¿Por qué hago hincapié en este hecho? Porque la ubicación del sistema nervioso *en el interior* del cuerpo permite que estos dos componentes del organismo actúen como socios —cerebro *e* interior del cuerpo— e interactúen mucho y *directamente*. Esto no puede aplicarse a la mayoría de los procesos *perceptivos*, ya que las principales fuentes perceptivas están *fuera* del organismo y a menudo muy lejos de él. Como ya he señalado, mientras que las señales procedentes del exterior activan las neuronas situadas en los sensores —como los ojos y los oídos— donde hacen su eximia labor, *las partes del cerebro implicadas en la exterocepción no responden ni pueden responder a la fuente externa de esas señales* ni actuar en consecuencia. El proceso es *unidireccional* hacia el interior y no genera ninguna respuesta *directa* a la fuente. *Indirectamente*, puedo responder con asombro o alegría a un determinado mensaje visual, pero esto se logra mediante *otros* sistemas, siguiendo mi comprensión de lo que he podido ver. El objeto original no se ve afectado por mi asombro o alegría; sigue igual.

Por el contrario, en el proceso de la *mente sintiente*, el cerebro responde *directamente* a las señales que llegan del interior del cuerpo y, por consiguiente, inicia lo que sería una conversación bidireccional. La respuesta afecta a la fuente de la señal porque el cerebro está literalmente *incorporado*, totalmente insertado y engarzado en el cuerpo, lo que hace posible y natural el diálogo cuerpo-cerebro. No nos hace falta un laboratorio de neurobiología para encontrar pruebas de las consecuencias de dicha incorporación. Algunos sucesos intrigantes de nuestro día a día lo demuestran con creces. Por ejemplo, después de cortarnos y sentir un dolor intenso, el cerebro responde a la herida amortiguando ese dolor antes incluso de que tengamos la oportunidad de aplicarnos un anestésico tópico o tomar un analgésico. Es como si el «mensaje no verbal entrante» dijera: «Me he lesionado, me duele algo, necesito ayuda»; y, a modo de respuesta, el cerebro contestara: «Aquí tienes un analgésico inmediato para ayudarte». ¡La ambulancia está en camino! Unas moléculas químicas envían el comando interno y el efecto analgésico, y empiezan a neutralizar la inflamación localmente.

De hecho, existe tal interacción entre el cuerpo y el cerebro que, a veces, podemos incluso «fabricar» un dolor inexistente cuando vemos que alguien se corta un dedo y «sentimos» un dolor simpático más o menos en el mismo lugar de *nuestro* cuerpo. En resumen, podemos empezar a tratarnos justo después de sufrir una lesión *y también* podemos empatizar con el dolor de los demás, algo que nos ayuda a ser buenos seres humanos en una sociedad.

Estos hechos nos ayudan a comprender mejor los mecanismos y las extraordinarias consecuencias del proceso de la mente sintiente. Este proceso se ocupa del *estado de la vida dentro del organismo*, descrito por los vaivenes de sentimientos continuos, compuestos por una miríada de *cuali-*

dades e *intensidades*, abundantes y unánimes testimonios de la presencia de la vida dentro del cuerpo. Este proceso se ajusta a los requisitos de la homeostasis porque la vida requiere una delicada regulación para poder satisfacer sus necesidades, sortear los riesgos y, por qué no, complacerse en sus propios éxitos.

La *mente perceptiva* nos ofrece a cada uno, en una gran pantalla multimedia, una serie de procesos mentales multisensoriales, mientras que la *mente sintiente* genera continuamente sentimientos, permite que cada uno de nosotros los experimente y hace posible la regulación de la vida, es decir, la homeostasis.

El lector pronto descubrirá cómo la labor combinada de estas tres empresas distintas —la *mente sintiente*, la *mente perceptiva* y la *mente reflexiva/lingüística*— sienta las bases de un esfuerzo coordinado al que podemos llamar *mente integrada*.[3]

III

Al escribir sobre el medio interno del organismo no podemos dejar de rendir homenaje al fisiólogo francés Claude Bernard, que también describió los fundamentos de la regulación de la vida: el proceso de *homeostasis*. El título de su texto original, publicado en 1865, dice mucho de las principales bases científicas de este proceso y de la forma perspicaz en que él las veía: «La estabilidad del medio interno es la condición de la vida autónoma». «La fixité du milieu intérieur est la condition de la vie libre». Así es, en efecto.[4]

Precisemos que el término *homeostasis* no lo propuso Bernard. Lo acuñó en 1926 Walter Cannon, un reputado fisiólogo estadounidense que hizo importantes contribuciones a la comprensión de la vida.[5]

5

LA MENTE INTEGRADA MODERNA

I

Los principales constructores de la mente —la *mente sintiente*, la *mente perceptiva* y la *mente reflexiva/lingüística*— entregan sus productos en un espacio mental combinado y flexible en el que las diversas contribuciones se unen y entrelazan. Al resultado lo podríamos llamar la *mente integrada moderna* o, por simplificar, la *mente integrada*.

Desde que nos despertamos hasta que nos dormimos, existimos dentro de un proceso integrado, la mente, cuyos elementos exactos varían a lo largo del día en función de la llamada de las actividades autodirigidas o de obligaciones impuestas por las circunstancias. Los principales generadores de actividad mental se activan de distintas formas, según exijan las situaciones, y la composición de la mente cambia también en función de ello. Aunque las proporciones de los procesos críticos varían de forma considerable según las tareas que se vayan a realizar, creemos que el proceso de la mente sintiente es imprescindible para que haya consciencia. Soñar despierto, por ejemplo, tiene unos requisitos muy diferentes de lo que debe ocurrir en mi mente cuando pienso en los fenómenos biológicos de los que estoy hablando, y de lo que necesitaré cuando intente escribir sobre ellos. Los requisitos también varían dependiendo de que esté viendo una película u oyendo las noticias en la radio, leyendo el periódico por la mañana, o escuchando una pieza musical, y los elementos relacionados están sujetos a cambios inesperados; mientras escribía esto, escuchaba de fondo *Fidelio* de Beethoven, cuando de repente tuve que prestarle toda mi atención porque la dicción del tenor me cautivó. En un instante, mi mente pasó al modo reflexivo, hizo un comentario interno sobre lo que hacía el tenor, recordó otras versiones de la misma aria, me permitió cotejarlas y me devolvió sin problemas al modo *mente despejada* que necesito para retomar la escritura.[1]

II

Nuestra vida afectiva tiene dos planos principales. El primero consiste en el conjunto de sentimientos que surgen continuamente de la regulación homeostática y que engendran una perspectiva subjetiva y, *a posteriori*, una consciencia plena. Este plano de nuestra vida afectiva es estructural y tan preponderante que sería comprensible que, por un momento, pasáramos por alto el otro. Me refiero a la miríada de sentimientos generados por las *emociones* en respuesta a la infinidad de encuentros con las criaturas y los objetos y las acciones presentes en el mundo que nos rodea, en otras palabras, con las cosas que uno hace y ve y oye, con lo que uno come y bebe, con la luz del sol y la niebla y la lluvia, con la gente buena a la que queremos y con los canallas, junto con lo que pensamos de todas esas criaturas, cosas y situaciones. Cada una de ellas evoca su parte de sentimientos, pero ten en cuenta, caro lector, que lo que provoca la mayoría de esos sentimientos son las emociones que sus respectivas comedias y dramas suscitan, de forma más o menos sutil. Lo que provoca esos sentimientos no es la regulación homeostática que genera sentimientos homeostáticos dentro del organismo y se encarga de sostener nuestras vidas. Una vez más, es fundamental tener presente esta distinción.

No extraña que la vida afectiva sea nuestro centro de gravedad y la mente sintiente, el corazón de nuestro ser. La mente sintiente «comenta» continuamente todo el proceso vital, ya que describe sus altibajos en términos de *afectos*. Nos alerta de los riesgos y peligros, pero también advierte oportunidades. Celebra el logro de estar vivos proporcionándonos bienestar y placeres tangibles, y todo gracias a los sentimientos homeostáticos que inventó y produce, y que nos recuerdan incansablemente que los procesos fisiológicos en curso son nuestros, que ocurren en esta parte del universo que conocemos como nuestro cuerpo.

III

Nuestras mentes pasan buena parte de las horas de vigilia funcionando en modo *perceptivo*, en el que registramos las imágenes y los sonidos de nuestro entorno, las impresiones táctiles que obtenemos de los objetos que tocamos, los olores y los sabores que encontramos. Pero, como hemos visto, el modo perceptivo es solo una parte de nuestra vida mental: la mente puede cambiar del modo *perceptivo* al *reflexivo/lingüístico* en un abrir y cerrar de ojos; puede pasar a escrutar en su interior lo que acaba de ocurrir y conectarlo tanto con el pasado como con posibles futuros. Además, cuando pasamos de un modo a otro, solemos *traducir* de forma más sistemática las imágenes en cuestión, de modo que las palabras que representan los objetos, cualidades, acciones y consecuencias de nuestras percepciones aparecen destacadas, y forman una narrativa verbal que vuelve nuestra capacidad analítica más sofisticada y graba con precisión el resultado de nuestras reflexiones. Aunque parte de nuestro modo de funcionamiento *reflexivo* está volcado en el razonamiento orientado a objetivos, otra parte consiste en un movimiento más sencillo, que nos lleva del proceso *perceptivo* continuo hacia una serie de procesos mentales más internos y menos focalizados. Este modo de funcionamiento mental, bien descrito por Marcus Raichle e investigado más a fondo por Vinod Menon y el grupo de neurología de Stanford, se ha denominado modo «por defecto» de procesamiento y es sin duda un aspecto importante de nuestra vida mental.[2] Además, gracias a las posibilidades que nos brinda la moderna imagenología del cerebro humano, es hoy evidente que el «modo por defecto», reflexivo y rico en lenguaje, depende de una red de regiones de la corteza cerebral distintas de las que sustentan la mente perceptiva y la mente sintiente.

En lugar de convocar las cortezas primarias y de asociación —que las principales modalidades perceptivas sí exigen, así como el afecto en el caso de la corteza insular—, el «modo por defecto» se apoya en varias cortezas cerebrales mesiales (línea media), sobre todo en las regiones parietal y frontal.[3] Importa señalar que la psiquiatra Nancy Andreasen proporcionó una valiosa explicación de las operaciones mentales por defecto al describir el tipo de charla que algunos de sus pacientes con esquizofrenia mantienen consigo mismos. Su interesante observación se adelantó a la descripción del modo por defecto en poblaciones normales.[4]

IV

En el pasado hemos utilizado expresiones como *consciencia ampliada* para referirme a aquellos hechos bien sopesados y anclados que cada individuo vive a lo largo del tiempo, y que pueden converger en la singularidad de cada perspectiva. En realidad, *consciencia ampliada* es una expresión errónea si tenemos en cuenta lo que hemos ido descubriendo y presentamos en este libro. Lo que hemos llamado consciencia ampliada no es un tipo de consciencia diferente y mayor. Es, más bien, una colección de eventos *mentales* de alto nivel, integrada de forma bastante armoniosa, que le da al dueño de la mente la posibilidad de combinar a) la experiencia del momento presente con b) la experiencia de eventos destacados de la historia de ese individuo singular. En las circunstancias cotidianas, esta fértil integración permanece en gran medida en el fondo mental, es decir, en el subconsciente, pero puede invocarse y hacerse consciente cuando sea necesario. Constituye la base real de nuestra singularidad, que ayuda a definir cada una de nuestras personalidades individuales.

Este es un proceso ajetreado desde el punto de vista de las regiones cerebrales que deben coactivarse para producirlo, pero es un estado más bien tranquilo en comparación con muchas situaciones en las que eventos emocionales positivos y negativos movilizan toda una serie de sistemas de alarma y defensa en un atropellado intento de recuperar el equilibrio homeostático.

Esta mente integrada moderna requiere el funcionamiento simultáneo de varios factores anatómicos y fisiológicos, entre ellos los procesos *sintientes*, *perceptivos* y *reflexivos/lingüísticos*. La arquitectura neurobiológica subyacente permite una articulación práctica de a) las experiencias derivadas de los sentimientos y b) los procesos perceptivos, reflexivos, lingüísticos y creativos. En última instancia, durante nuestras horas de vigilia hay muchas y variadas formas de componer la *mente integrada* que permiten a los humanos emprender todo tipo de tareas creativas. En su apogeo, la inteligencia natural requiere una *mente* que también esté en su apogeo: me refiero a una mente que opere en su nivel más variado, complejo y festivo.

6

SENTIR QUE EXISTO

I

Cuando dejamos de hablar con los demás y con nosotros mismos, cuando nos sentamos tranquila y cómodamente, cuando dejamos de pensar en ese problema que nos ha dado la lata desde la mañana, cuando nos relajamos, respiramos hondo y nos reclinamos más en la silla, es muy posible que notemos un sentimiento particular que apenas sabíamos que podíamos tener porque es menos perceptible que todos los demás sentimientos que reclaman y captan nuestra atención. Y, sin embargo, por paradójico que resulte, esos sentimientos serenos y fugaces —a los que me gusta llamar «sentimientos de existencia»— son las primeras pruebas vivas y vibrantes de lo ya expuesto acerca de los fundamentos de la consciencia.

Los sentimientos de existencia contribuyen de forma importante al proceso de la *mente sintiente* y lo que cuentan no es baladí.

La razón por la que los sentimientos de existencia suelen ser tan sutiles es que no son el resultado de un acontecimiento reseñable ni de un objeto novedoso; no surgen a raíz de la angustiosa noticia que me ha dado Miriam durante la comida ni del encuentro que he tenido con Yohan a primera hora de la mañana y que me ha puesto de tan buen humor. Los sentimientos de existencia no consisten en percibir lo que nos rodea. No, los sentimientos de existencia nacen de testimonios consistentes pero sutiles del hecho de que podemos sentir el aire al entrar y salir de los pulmones, o el calor de nuestro cuerpo y los latidos del corazón, de que tal vez podamos sentir cierta calma y bienestar mientras recordamos, fugazmente, que sí, que hay un problema que debemos resolver pronto, pero no ahora; puede esperar. En resumen, creo que los sentimientos asociados a *la respiración, la temperatura corporal, los latidos del corazón y la circulación sanguínea* son la principal prueba de que existimos y nos hacen conscientes de ello sin aspavientos ni subterfugios.[1]

Como veremos, el mecanismo responsable de los sentimientos de existencia es el mismo que está por detrás de otros sentimientos homeostáticos —al fin y al cabo, los sentimientos de existencia son sentimientos homeostáticos— y, sin embargo, los sentimientos de existencia son diferentes: son fundacionales. ¿Por qué? Una buena razón es que siempre están presentes, lo queramos o no, y anuncian que ahí hay una vida, nada menos, prestos a señalar cualquier amenaza y alertar a la parte interesada y, gracias a ellos, la parte consciente, de un posible riesgo o peligro inminente. Incluso un pequeño aumento de la temperatura corporal procedente del interior de nuestro cuerpo se percibe como fiebre y provoca la atención merecida; una mínima obstrucción de las vías respiratorias nos hace jadear para seguir respirando, no sea que se convierta en asfixia. Por suerte para nosotros, la mayoría de las veces, los sentimientos de existencia son centinelas silenciosos y vigilantes, señales inequívocas de que «la vida se está rodando» en nuestros cuerpos. Gracias a su naturaleza espontáneamente consciente, sabemos con certeza que existimos.

Ahora bien, fisiológicamente hablando, ¿qué es exactamente un «sentimiento de existencia»? Y, más en general, dado que los sentimientos de existencia forman parte de los sentimientos que llamamos «homeostáticos», ¿qué mecanismo hace que aparezcan? He aquí una primera respuesta: todos los sentimientos homeostáticos se basan en un flujo continuo de descripciones de los numerosos componentes del proceso vital activo dentro de nuestro cuerpo. Algunas de esas descripciones son esquemáticas; otras, detalladas; pero el proceso global y acumulativo equivale a un *relato multicanal de la vida en continuo rodaje y proyección, transmitido gracias a la interocepción*.

Un momento, ¡frenemos! ¿Qué es la interocepción? Es el informe sistemático, exhaustivo y continuado, en el proceso global de la *mente*, de las actividades que se llevan a cabo en el interior del cuerpo en pro de la homeostasis, de una vida bien regulada. En otras palabras, la *interocepción* es un término técnico que engloba los mecanismos y actividades biológicos que permiten la función de la *mente sintiente*. (Más adelante, en los capítulos 8 y 12, daré más detalles neurobiológicos de la interocepción.) Las actividades descritas por la interocepción tienen por objetivo mantener una miríada de parámetros de la función del cuerpo dentro de un rango propicio para la continuación de la vida, y si escribo «miríada» es porque hay muchísimos componentes funcionales en juego a la vez, desde la mensajería química en todo el cuerpo y el cerebro hasta los movimientos reales en algunas partes del cuerpo causados por la contracción de los músculos implicados en distintos movimientos. La interocepción permite evaluar qué parámetros se encuentran dentro del rango compatible con la continuación de la vida —el *rango homeostático*— o fuera de ese rango, un esfuerzo al que siguen continuamente los ajustes funcionales necesarios para mantener las operaciones vitales dentro del rango homeostático.

Por cierto, la homeostasis no tiene un valor fijo sino,

como prefiero llamarla, *una gama de valores compatibles con la vida*. Esos valores se ajustan continuamente al contexto fisiológico y a las necesidades del momento. Esta es una de las razones por las que es inútil intentar explicar la homeostasis comparándola con un termostato. La homeostasis se refiere a la gestión simultánea de un número desmesurado de parámetros y ninguno de ellos tiene un valor de referencia fijo, sino una gama de valores viables.[2]

La interocepción controla varios parámetros. Por supuesto, incluyen el nivel de varias sustancias químicas corporales, así como, por ejemplo, el tono muscular en las vísceras, como los músculos lisos del intestino y el estado del revestimiento mucoso de la tráquea o el esófago, es decir, un estudio exhaustivo *y* detallado de muchos parámetros vitales en el interior del cuerpo, a pequeña y a gran escala. La continuación de la vida depende de que estos parámetros se mantengan dentro de un rango adecuado. La «circunscripción corporal» de nuestro ser está silenciosamente implicada en la recopilación, en nuestra mente, de informes útiles relacionados con las necesidades detectadas en el frente vital, y no menos implicada en realizar y dar el visto bueno a las correcciones necesarias siempre que el mantenimiento de la vida requiera dichos ajustes. La única dificultad aquí es que solo llegamos a sospechar y apreciar la buena intención y el mérito de estos esfuerzos cuando disponemos de un momento de tranquilidad, como el que tú, atento lector, tienes ahora, momentos en los que eres capaz de atender a lo que el cuerpo dice en realidad sobre cómo tu vida se está procesando. Y fijémonos, mientras hacemos una pausa para reflexionar, en cómo la interocepción es un proceso en dos etapas. La primera «detecta y siente» y, por tanto, puede informar sobre lo que no funciona correctamente. Pero a esa etapa la sigue una acción «correctora», en el caso de que sea necesaria. La interocepción no consiste solo en percibir, evaluar e informar sobre el estado de la vida interior, sino también en la actividad continua de ajustar y corregir los parámetros de la vida para que esta siga adelante o, suponiendo que todo funcione como es debido, aconsejarnos, a través de una sensación de bienestar, que disfrutemos del momento.

Al cabo de un rato, todavía relajado en tu butaca, mientras consideras la sutil e infinitamente compleja operación que tiene lugar en tu interior —bajo tu propio cobijo, por así decirlo—, de repente notas sed y, quizá no mucho después, también algo de hambre. Son sentimientos que aparecen por primera vez esta tarde, pero que te resultan muy familiares, ya que los tienes todos los días y más de una vez. Pero espera un momento, porque estás a punto de darte cuenta de algo importante. Mientras analizas tranquilamente estas sutiles variaciones, te das cuenta de algo extraordinario: estos sentimientos son, todos y cada uno de ellos, *conscientes*. ¿Qué quiero decir con esto? Quiero decir que *los sentimientos homeostáticos revelan su mensaje más importante de forma espontánea e inequívoca, sin causar ningún tipo de alarma*, y sin embargo de tal manera que es imposible no percibirlos. Digo que esos sentimientos son conscientes de forma *espontánea* porque el estado de consciencia es *inherente* a ellos; el hecho de que sean conscientes se debe a que están activos. Cada sentimiento transmite un mensaje claro, concreto y *consciente* sobre nuestro cuerpo, sus estados y sus necesidades. Cada sentimiento nos *instará* también a hacer lo que el cuerpo nos pida de manera amable pero sin remilgos —como beber agua, buscar la sombra, comer algo—, con lo que ayudará a mantener nuestra propia vida desde el interior. Esta original e indispensable espontaneidad de la consciencia es una de sus características que pasan más inadvertidas, aunque, sin ella, está claro que el proceso no funcionaría. *Los sentimientos homeostáticos deben ser conscientes*, o de lo contrario la consciencia no podría cumplir con sus deberes..., ¡y son «deberes» porque la vida humana depende de ellos! Cuando se siente, se sabe.

Esto concuerda con lo que he señalado antes: *los sentimientos de existencia establecen y demuestran el estado consciente de todo nuestro ser*. Nos dicen bajito y con toda naturalidad que sí, que estamos vivos y que la vida existe en una parte específica del universo que resulta ser el interior de nuestro propio cuerpo viviente, literalmente el volumen físico ocupado por cada uno de nuestros cuerpos y por nuestra vida dentro de él. Y, obviamente, el espectáculo no acaba ahí, porque otros sentimientos homeostáticos, además de los que ya fluyen como sentimientos de existencia, pueden intervenir para proteger nuestra vida y ayudarnos a sobrevivir. El hambre y la sed son ejemplos claros de ello, y también lo es el dolor, que nos alerta de alguna amenaza física concreta para nuestro organismo.

Dependiendo de cuán activas estén nuestras operaciones mentales, puede llegar un momento en que nuestros sentimientos de existencia operen de manera tan discreta que bien podrían llamarse *sentimientos de fondo*, de lo «casi» desatendidos que están, en los bastidores de la *mente*. Pero no nos engañemos: siguen ahí, listos para detectar peligros y, sobre todo, para facilitarnos un núcleo para procesar nuestro yo y construir nuestra identidad humana. Ellos son la sutileza misma; rehúyen el protagonismo; no necesitan salir a escena y recitar el monólogo de Hamlet.

Es hora de volver de la calma y el reposo. Tal vez, con un poco de suerte y la perspicacia que suelen brindar los momentos de reflexión y sosiego, ahora estés preparado para plantearte una pregunta de lo más enigmático: ¿y si, en realidad, la capacidad de sentir todos estos sentimientos no se debe a ningún don biológico llamado «consciencia», sino que el proceso funciona al revés? ¿Y si *posees el preciado don de la consciencia gracias a la presencia continua y abundante de tus sentimientos homeostáticos*?[3]

Sin más preámbulos, querido lector, a estas alturas ya debes saber que la respuesta a tu sagaz pregunta es un rotundo *sí*. La vida que fluye en tu cuerpo necesita ser regulada, afinada a cada momento, y los sentimientos, intensos o sutiles, placenteros o desagradables, permiten los procesos de regulación de la vida para mantener cierto grado de homeostasis, una tregua temporal en la batalla por la vida. El mensaje que cada sentimiento transmite te llega de forma natural, a ti, a quien pertenece el «cuerpo sensible», de modo que la petición de agua o de comida, de calor o de una brisa fresca, puede ser debidamente reconocida y la necesidad satisfecha.

Ese proceso útil, sin embargo, solo es posible porque cada uno de esos mensajes es, en sí mismo, *espontáneamente consciente*. El aspecto consciente de cada sentimiento homeostático —en especial, cuando alerta de posibles amenazas para la vida— hace que su *conocimiento* sea *imperativo*, insta a la acción en términos inequívocos, de modo que resulte beneficiosa para el organismo respectivo y para la vida que alberga en su interior.

La suma de la «consciencia» propiciada por la presencia *constante* de los «sentimientos de existencia» y por otros sentimientos adicionales, como el hambre y la sed, da como resultado una abundante *sintiencia* del proceso de la *mente*. Pero esa sintiencia convive con todas las imágenes que las operaciones mentales *perceptivas* y *reflexivas/lingüísticas* están fabricando y mostrando en simultáneo. La consecuencia de estas dos cadenas paralelas de acontecimientos es que el contenido de la cadena perceptiva/reflexiva/lingüística se ve necesariamente afectado por la cadena de sentimientos, ya que ambas cohabitan juntas en el espacio de la mente y se perciben de manera conjunta. Esta abundante y conjunta sintiencia también es responsable de hacer *conscientes* los contenidos de los procesos perceptivo/reflexivo y lingüístico. Juntos generan el flujo consciente que impregna la vida en los momentos más despiertos y orienta el proceso regulador con tanta eficacia que la vida prevalece.

Más adelante veremos que la cadena de acontecimientos del sentimiento y la cadena perceptiva/reflexiva/lingüística se generan por separado, en conjuntos espacialmente distintos de componentes cerebrales, pero son simultáneas. Son conjuntos de acontecimientos paralelos que se solapan en el tiempo. Es inútil tratar de encontrar la fuente de la consciencia en un dispositivo dedicado a «crearla». La consciencia no se genera en una parte separada de nuestros organismos cuya única función sería «crear consciencia». Propongo que *la consciencia surge* más bien *como consecuencia directa de sentimientos homeostáticos que se manifiestan junto a imágenes mentales no conscientes.* Las imágenes no conscientes *se vuelven necesariamente conscientes porque el organismo que las posee es consciente.*

La consciencia es un oportuno efecto secundario del indispensable proceso de regulación de la vida.[4]

Resolver el misterio fundamental de la consciencia consiste en describir los mecanismos de fabricación de los sentimientos homeostáticos gracias a la inteligente cooperación de cuerpos y cerebros, es decir, a una poderosa interacción de un sistema nervioso con su propio cuerpo, en un productivo diálogo cuyo fin es sostener la vida.

II

El conjunto sostenido de sentimientos de existencia constituye el fundamento y el garante de la consciencia, gracias a su estado consciente espontáneo e ininterrumpido.

Juntos, los sentimientos de existencia contribuyen a un continuo «sentimiento de ser» que puede cambiar fácilmente a bienestar, malestar o a estados intermedios, según lo dicte la condición actual de vida del organismo.

Los procesos emocionales son componentes fisiológicos de la regulación homeostática y esa proximidad ayuda a explicar por qué son *espontáneamente conscientes*. Es *necesario* que los sentimientos sean conscientes, es *obligatorio* que lo sean si han de participar en la regulación de la vida y apoyar al organismo al que informan, jugando un rol decisivo en su propio destino, es decir, la conservación de la vida.

En última instancia, todos los sentimientos, incluso los sentimientos de emociones, desempeñan un papel en la regulación de la vida y contribuyen a su conservación. Ser automáticamente consciente de su presencia es una ventaja, ya que deben ser «regulados» —ya sea acotándolos como amplificándolos— para no comprometer los procesos homeostáticos en curso y contribuir a ellos, si es posible.

Toda vida debe ser regulada, dadas sus imperfecciones intrínsecas y su doble dependencia de a) el entorno y b) las acciones que tienen en cuenta los *riesgos* y las *restricciones* presentes en ese *entorno*.

Conservar la vida es el imperativo clave de los organismos vivos. Los fenómenos del afecto constituyen un sistema regulador que implementa dicho imperativo. El afecto utiliza la consciencia en forma de sentimientos conscientes que se dan a CONOCER de manera fiable a la mente que gobierna un organismo, para proporcionar alertas que salvan la vida y recomendaciones útiles que la orientan.

7

EL MUNDO ALREDEDOR Y EL MUNDO INTERIOR

I

La importancia del mundo exterior en la vida cotidiana es tal que el contenido de nuestras mentes tiende a estar dominado por los detalles físicos y por las acciones de las personas y de las cosas que nos rodean. Sin embargo, nuestras relaciones con el mundo exterior son siempre mediadas por el mundo fundacional, pero constantemente ignorado, de nuestra propia estructura física, el mundo de la vida que persiguen nuestros organismos en el interior de cada uno de nosotros. Así, además de los sentimientos homeostáticos básicos relacionados con la temperatura corporal, la respiración y la circulación sanguínea —nuestros sentimientos de existencia—, la vida se expresa continuamente en forma de i) sentimientos homeostáticos sobre nosotros mismos —como el bienestar, la fatiga, el hambre o la sed, el dolor—, ii) sentimientos emocionales acerca de nuestras circunstancias sociales —logros, decepciones, aspiraciones no alcanzadas— y iii) sentimientos emocionales desencadenados por otros seres y por objetos, acciones y acontecimientos que captan nuestra atención y nos hacen reír, llorar o enfadarnos. Por desgracia, como ya he señalado, todos estos fenómenos afectivos tan distintos suelen designarse de manera coloquial como «emociones». Esta imprecisión provoca muchos malentendidos en el mundo de los afectos.

Existe, por muchas razones, un desequilibrio entre el universo *fáctico* que nos rodea, de manera objetiva, y el universo que *sentimos*. Algunas de esas razones tienen que ver con nuestra naturaleza biológica, y otras con el diseño que las culturas y la historia han impuesto a nuestro entorno y a la perspectiva que adoptamos respecto a él.

Sea como fuere, el extraño desequilibrio entre la importancia que le damos al exterior de nuestros organismos y la que concedemos a su interior ayuda a explicar una extrañeza: algunas de las descripciones más detalladas de la humanidad —como las que proponen filósofos, psicólogos y neurobiólogos— se han concentrado en el *mundo de la cognición y el intelecto*, gobernado por los hechos y las ideas objetivas, mientras que han soslayado por completo, o casi, el *mundo de la regulación de la vida y de los afectos*, el mundo en el que rigen los sentimientos y las emociones homeostáticos. Ahora bien, la literatura, el teatro, el cine, la música y las artes tienden a hacer precisamente lo contrario, y menos mal.

Este desequilibrio ayuda a explicar otra paradoja: *el mundo de la cognición ha dominado los intentos académicos de describir objetivamente qué es la consciencia y explicar cómo puede surgir, mientras que la contribución de los sentimientos a ese proceso ha sido prácticamente ninguneada.*

Dado este desequilibrio sostenido a lo largo de la historia, cabría esperar que los esfuerzos cognitivos hubieran producido una solución sólida y consensual para el llamado difícil problema de la consciencia, pero nada más lejos de la verdad. De hecho, el repetido fracaso de los intentos basados en la cognición para explicar la consciencia de manera satisfactoria nos da alguna esperanza de que los esfuerzos originados en las olvidadas ciencias de la vida y del afecto puedan ser finalmente atendidos y que su capacidad explicativa se gane por fin el reconocimiento y favor que se merecen.

II

Hay que tener en cuenta las razones por las que las explicaciones de tipo cognitivo de la consciencia no han logrado explicarla en términos convincentes. El problema no se debe, desde luego, a la endeblez intelectual de sus defensores, ya tengan formación en psicología general o en filosofía de la mente, en biología molecular o en física de partículas. El fallo podría radicar en haber asumido que los mecanismos que gobiernan la regulación de la vida serían de alguna manera demasiado humildes para soportar el calado intelectual que presumiblemente requiere la consciencia. Se trata de una suposición cuanto menos extraña, pero he sido testigo de intelectos notables que parten precisamente de ella. Sin embargo, por lo que podemos observar, hay grandeza en la complejidad de la vida y de su regulación, y consideramos que los fenómenos respectivos son perfectamente capaces de proporcionar los inicios de la consciencia, sin ser especialmente complejos, pero sí radicalmente transformadores. En efecto, como acabamos de mostrar, la vida y sus dispositivos de regulación proporcionan continuamente esos comienzos geniales en forma de sentimientos homeostáticos, empezando por los de la variedad fundacional, a los que hemos llamado *sentimientos de existencia*. Todos ellos empiezan con operaciones fisiológicas detrás de la *mente sintiente*.

A primera vista, lo que estos sentimientos logran puede parecer insignificante, casi banal, pero tiene consecuencias de gran alcance. Los sentimientos homeostáticos revelan, sin distracción ni óbice alguno, que *pertenecen al interior de un organismo vivo concreto* junto con los hechos y las ideas que los procesos mentales *perceptivo* y *reflexivo/lingüístico* muestran, al mismo tiempo, en sus respectivas imágenes. Es decir, los sentimientos homeostáticos sitúan el proceso mental en curso en el interior de un organismo/cuerpo específico, un gesto esencial que identifica el proceso vital como consciente. Además, *al detectar —o no— la necesidad de ajustes fisiológicos, los sentimientos homeostáticos demuestran aún más su naturaleza consciente*.

El contenido de algunos sentimientos homeostáticos sirve de aviso inequívoco de que el proceso vital dentro de su respectivo organismo está desequilibrado y requiere *supervisión*, prueba cabal de que poseen un conocimiento consciente *actualizado*.

Los sentimientos homeostáticos se muestran capaces de *impulsar* todo el edificio de la mente hacia la protección del organismo vivo dentro del cual se están generando. *Los sentimientos homeostáticos no son percepciones pasivas.* Son una inspiradora y amplia colección de hechos cargados de afecto, es decir, representaciones objetivas del cuerpo, presentadas en configuraciones específicas, fielmente acompañadas por afectos cuyas cualidades e intensidades permiten valorar las operaciones de la vida como satisfactorias o no, teniendo en cuenta que el objetivo de estas es *la autoconservación y la supervivencia.* A su vez, esas cualidades e intensidades comprometen de forma natural las acciones que, en última instancia, ejecutarán los ajustes fisiológicos, siempre que sean necesarios, y resolverán los problemas que conlleva una existencia vulnerable. El propósito de los ajustes debe ser claro como el agua: *continuar la existencia del organismo específico donde tienen lugar esas valoraciones*.

Los sentimientos homeostáticos son conscientes y su condición consciente tiene consecuencias.

III

Los sentimientos constituyen un desarrollo biológico de enorme calado. La parte crítica de su poder transformador proviene de su capacidad espontánea para elevarse por encima de la vorágine mental y ser *conscientes*. Sabemos que tienen lugar y su presencia no es sutil. Gracias a su naturaleza *consciente* y espontánea, son capaces de transmitir al resto del proceso mental *conocimientos factuales y procesables* sobre el *estado de la vida en cada momento dentro del organismo correspondiente*. Este conocimiento se expresa mediante *cualidades* sentidas (por ejemplo, placentero o desagradable) y *cantidades* sentidas (por ejemplo, intenso o sutil). En resumen, los sentimientos aportan continuamente al amplio campo de la mente una *valoración* del proceso vital.

Una vez más, los mensajes de los sentimientos no tienen forma verbal o numérica. Aparecen, más bien, en forma de *afecto* y utilizan las escalas de calidad e intensidad para transmitir el resultado de sus observaciones. En el ámbito de los eventos mentales, los sentimientos informan al resto de los procesos mentales en curso de los problemas a los que se enfrenta el organismo en cada momento, y también de las oportunidades que se le presentan. Los sentimientos revelan, en el lenguaje del afecto, lo que en realidad le ocurre a un organismo vivo. ¿Es una situación o un acontecimiento concreto propicio o adverso a la continuidad de la vida? Por sorprendente que parezca, estas revelaciones no solo «perturban la paz», sino que también contienen el germen de una respuesta al problema que identifican. La respuesta suele apuntar a una acción correctiva: cuando los sentimientos de bienestar revelan que la vida transcurre favorablemente, puede consistir en permitir a los organismos explorar su entorno o disfrutar de un merecido descanso. Para entendernos, los sentimientos no solo son a) *valiosos informadores*, sino también b) *valiosos evaluadores* y c) *primeros socorristas*. Y así, la mente creativa, ahora consciente de sus circunstancias, puede responder *promoviendo* y *actuando* soluciones apropiadas y ayudando así a mantener o incluso ampliar la perspectiva vital del organismo.

El lector atento se habrá percatado de que a estas alturas ya no estamos escribiendo solo acerca de la fisiología de la homeostasis sino, en efecto, abordando los méritos del proceso de consciencia en sí. La compleja operación en dos pasos que hemos intentado resumir pone al descubierto las «intenciones» de la consciencia, lo mismo es decir, las de los sentimientos homeostáticos. La operación describe los medios para la conservación de la vida de un organismo en un entorno específico, y también inspira el desarrollo de estrategias novedosas mediante una labor de creación e imaginación. Estas últimas son fruto de a) *relacionar el proceso vital interno del organismo con las condiciones de su entorno*, y también de b) *buscar soluciones reguladoras compatibles tanto con las características fisiológicas del organismo como con las características del entorno*.

En resumen, las descripciones *conscientes* de las condiciones internas del organismo vivo, expresadas en forma de sentimientos homeostáticos, nos permiten adoptar o descartar objetos, acciones e ideas que las operaciones cognitivas de nuestro cerebro nos ofrecen, en abundancia, como sugerencias o incluso recomendaciones sobre cómo proceder en nuestro cometido vital y sobrevivir.

Esta formulación no cambia para nada el hecho de que el mundo exterior —que podemos reconocer y explorar gracias a la exterocepción informada por la inteligencia natural— es el escenario en el que la vida se representa y los seres humanos triunfan o fracasan. La formulación tampoco trata de qué conjunto de fenómenos dentro de un organismo vivo tiene más valor, a saber, a) las operaciones vitales del interior y sus respectivos sentimientos homeostáticos, o b) las imágenes mentales que describen el entorno exterior y guían nuestras acciones en ese escenario. Ambas tienen mucho valor, evidentemente, y sin embargo hay aquí una cuestión de prelación: *el proceso vital de criaturas como nosotros NO puede proceder normalmente sin sentimientos homeostáticos*. En este punto de nuestro relato, esto equivale a decir que no pueden proceder sin consciencia. Sin los sentimientos/consciencia guiando al proceso vital, un tipo de organismo como el nuestro se volvería ingobernable. Esta conclusión no es una mera conjetura. Sabemos por estudios de neurología clínica (ver capítulo 15) que los grandes trastornos de la consciencia —coma y estado vegetativo— no son compatibles con la conservación de la vida homeostáticamente regulada. La suspensión de la consciencia en afecciones neurológicas se traduce en la suspensión de la capacidad de las víctimas de llevar una existencia autónoma. Los aparatos de soporte vital asociados a estas afecciones —de respiración asistida, diálisis, o marcapasos— ilustran precisamente lo que decimos.

8

PRODIGIOS DE LA INTEROCEPCIÓN

Resulta fascinante comprobar hasta qué punto, en el mejor de los casos, se han pasado por alto, malinterpretado e infravalorado la interocepción y su biología, y, en el peor, se las ha desdeñado por completo. Sin embargo, sin interocepción no hay mente ni consciencia ni comportamiento interesante del que hablar. La interocepción es uno de los fundamentos de nuestra humanidad. Los prodigios de la exterocepción solo pueden apreciarse en el contexto de una interocepción normal.

Cuando nos detenemos a considerar el número de moléculas químicas diferentes que, en cada momento, hacen viable la corrección de procesos interiores descarriados o disfrutan literalmente del éxito de respuestas que acaban de salvarnos la vida, es imposible no llegar a la conclusión de que detrás de la interocepción existe una coreografía que solo puede describirse como un auténtico prodigio.

Los sistemas respiratorio, circulatorio, digestivo e inmunitario son algunas de las principales partes coordinadas por esa danza de la vida que es la interocepción. Esta danza es mucho más que pura química, ya que la mecánica y las moléculas interactúan de formas sorprendentes. Pensemos, por ejemplo, en cómo un aumento repentino de la presión sanguínea modifica la curvatura del arco aórtico, lo que, a su vez, altera la dinámica del flujo sanguíneo; en un instante, una molécula química se segrega y se envía para reducir el aumento de la presión sanguínea y devolver al arco aórtico su curvatura adecuada. Pensemos, si no, en cómo el calibre de los conductos bronquiales o de los intestinos puede alterar en un instante, respectivamente, las condiciones de la respiración y la digestión, y cómo las respuestas homeostáticas apropiadas devuelven de forma casi instantánea las condiciones alteradas a la más absoluta normalidad.

La mayoría de las veces, estas alteraciones son «fisiológicas», lo que significa que se encuentran en el ámbito de las operaciones regulares y están abiertas a una modulación rápida y segura. En esas situaciones, la homeostasis *no consciente* brinda la respuesta necesaria y no nos damos cuenta de los incontables ajustes que se producen en nuestro interior, sin descanso, en cada momento de nuestras vidas. Pero cuando un cambio funcional se sale de los límites de seguridad, ocurre algo bastante curioso: de repente *sentimos* ese cambio, lo que significa que nos volvemos *conscientes* de la desviación en curso gracias al respectivo sentimiento homeostático. Se nos advierte así de un daño potencial en nuestro interior. Tal vez el organismo, por sí solo, pueda hacer algo para corregir la desviación; o tal vez no, en cuyo caso se nos da a nosotros, como criaturas ahora conscientes, la posibilidad de tomar cartas en el asunto y actuar o no por nuestra cuenta. El abanico de intervenciones es amplio, desde tomar una aspirina o un descongestionante hasta acudir al servicio de urgencias más cercano.

El gran número de moléculas químicas y modificaciones mecánicas que la interocepción se encarga de supervisar es asombroso, y la forma en que la interocepción puede lidiar con tantas modificaciones de este tipo por sí sola, sin nuestra ayuda, es no menos admirable. Pero solo cuando entran en juego los sentimientos homeostáticos y se nos pide literalmente que intervengamos tenemos la oportunidad de comprender por qué la naturaleza se tomó la molestia de complementar la rutinaria *homeostasis no consciente* con un proceso más avanzado: la *homeostasis asistida por los sentimientos*, también conocida como consciencia. Y solo entonces, por supuesto, el sentido y el valor de la consciencia se nos hacen evidentes y la maquinaria que la hace posible empieza a revelar sus mecanismos internos. *Para penetrar en el misterio de la consciencia, hay que comprender lo esencial de la interocepción y el papel que la consciencia desempeña en ella, a través de los sentimientos homeostáticos.*

Comparado con las glorias de la percepción, la reflexión y la creatividad, el mundo de la interocepción se ha considerado secundario, en el mejor de los casos, y carente, al parecer, del atractivo soporte biológico de alto riesgo que la cognición puede reivindicar con tanta facilidad. Pero debemos recapacitar, porque los nuevos descubrimientos sobre la biología de las neuronas responsables, respectivamente, de la homeostasis y de la cognición nos dan otra versión de los hechos. Un reciente atlas de alta resolución de los tipos de células presentes en todo el cerebro nos dice a las claras que *cuando se compara la población de neuronas responsables de la cognición con la población de neuronas responsables de la regulación de la vida, ¡encontramos una mayor variedad de tipos de neuronas y una mayor complejidad organizativa en el lado de la interocepción y la regulación de la vida!* Este contraste empieza a ser evidente en el humilde ratón, una especie a la que no se conoce precisamente por su creatividad, y sería de esperar que un atlas humano de este tipo revelara una divergencia aún más significativa. De hecho, Zizhen Yao y sus colegas generaron un atlas transcriptómico y espacial de tipos neuronales en TODO el cerebro del ratón que reveló un extraordinario perfil de distribución de tipos celulares en regiones cerebrales funcionalmente diversas. *Las regiones con mayor responsabilidad en la regulación homeostática* —el tronco encefálico y el hipotálamo— *presentan un gran número de agrupaciones celulares, lo que indica un alto grado de complejidad de los tipos celulares.* En marcado contraste, *el telencéfalo, que incluye la corteza cerebral, el hipocampo, el cuerpo estriado y el pálido, presenta un menor número de grupos celulares, lo que indica una menor complejidad estructural.*[1]

Los autores interpretan esta extraordinaria diferenciación como una señal de que las partes del cerebro responsables de nuestra regulación vital y supervivencia están en realidad mucho más especializadas que las partes relacionadas con la cognición. El número de tipos de neuronas altamente diferenciadas se relaciona de manera objetiva con un elevado número de núcleos neuronales especializados responsables de controles neuronales altamente diferenciados del proceso vital. Esto puede ser un indicio de la sofisticación fisiológica necesaria para lograr mantener la compleja arquitectura de la vida. Nada más lejos de mi intención que devaluar el poder y la importancia del intelecto y la creatividad. Tan solo quiero incidir en la *diferenciación*, la extraordinaria sofisticación y el valor de una regulación vital satisfactoria, así como en la maquinaria neural que le proporciona un soporte tan firme, y a la vez tan discreto. La regulación homeostática actual no es nada nuevo.

La interocepción no es una antigualla.

La interocepción atañe a la cualidad e intensidad de los sentimientos homeostáticos, el ámbito de la fisiología del que solía dar cuenta la palabra *valencia*. Sin embargo, la evaluación precisa de las «valencias» en los varios sectores operativos de un organismo vivo es fundamental para supervisar la vida de todo el organismo. Evaluar la cualidad de las operaciones vitales en las distintas partes del organismo puede aconsejar a la mente consciente qué hacer a continuación.

La naturaleza del proceso interoceptivo-afectivo difiere notablemente de la naturaleza de los procesos perceptivos, reflexivos, lingüísticos y creativos, que se construyen en esencia a partir de representaciones y mediciones de objetos y procesos externos.

9

LA LÓGICA DE LA CONSCIENCIA CONCIERNE A LA REGULACIÓN DE LA VIDA

I

Para empezar, quisiera que la lógica de la consciencia fuera transparente, pero por desgracia no lo es. Como he señalado antes, esa es una de las razones por las que la consciencia ha tenido esa aura de misterio profundo y por las que muchas teorías han fracasado a la hora de explicarla de forma convincente. Pero el misterio de la consciencia empieza a disiparse cuando constatamos que los organismos dotados de consciencia son por ello menos vulnerables y tienen más probabilidades de sobrevivir; empezamos a entender la estrategia de la consciencia y quizá a admirar la eficacia de sus medios; en algún momento, sus fines se vuelven *realmente* transparentes.

La consciencia hace su labor revelando a cada momento, en nuestras mentes, las *cualidades del proceso vital* y lo hace gracias a un tipo particular de sentimiento. Las operaciones de la *mente sintiente* y sus sentimientos homeostáticos proporcionan a cada uno de nosotros una experiencia continua de la vida, tal y como se vive y se regula dentro de nuestro organismo, de acuerdo con los requisitos de la homeostasis. En lugar de utilizar las medidas convencionales inventadas más tarde por los sofisticados humanos, la consciencia vuelve a la escuela de gramática y califica continuamente el proceso vital en desarrollo. Lo hace en el lenguaje natural de los sentimientos y se puede decir que también asigna un símbolo a esa calificación. Piénsalo así: cuando sientes bienestar o placer, la vida recibe una calificación de A o A+; cuando te sientes cansado o no tan bien, B o C; cuando te encuentras enfermo o con dolor, la vida suspende el examen. Por supuesto, no hay ningún *símbolo* espontáneo asociado a la nota. Tampoco una *palabra* que lo anuncie. Hay más bien una cierta *cualidad*, o mezcla de cualidades, expresada por el sentimiento, y sí, una vez que lo experimenta, puede «nombrar» ese sentimiento en el idioma en que se expresa: bienestar, hambre, náusea, dolor. También puede asignar una *cantidad* o «número» al nombre, si lo desea; por ejemplo, dolor «intenso» o «ligera» náusea. Por su parte, la naturaleza ha utilizado desde el principio el lenguaje natural del *afecto*, que se refiere a *cualidades* y *cantidades* en las operaciones de la vida dentro del cuerpo.

En la evolución, los sentimientos surgieron antes que las palabras y los números. Además, los sentimientos son fáciles de traducir por los sonidos de los instrumentos musicales, incluida la voz humana, y por la combinación de estos en frases musicales. De hecho, las casi infinitas variaciones de los sentimientos y sus sucesiones en el tiempo se corresponden a la perfección con la enorme variedad de sonidos de los instrumentos musicales y su combinación en la música.

La idea de que la consciencia se habría desarrollado relativamente tarde a nivel evolutivo, cuando los cerebros eran lo suficientemente complejos como para cuantificar datos, medir con exactitud y formular juicios elaborados desde un punto de vista intelectual, no puede ser correcta. La consciencia se desarrolló mucho antes en la larga historia de la conservación de la vida y ha contribuido a la evolución desde entonces, con espléndidos resultados.

II

Lo que importa subrayar es que, aunque parte de la regulación homeostática puede ocurrir de forma no consciente, una buena parte está bajo el control de nuestra voluntad. Este aspecto optimiza la regulación de la vida y a menudo se da el caso de que, en realidad, la vida no puede continuar sin la contribución de los controles que dependen de nuestro *conocimiento consciente*. En resumen, la consciencia no es un lujo, ni es algo prescindible; es uno de los mecanismos de conservación de la vida. Reflexionando sobre las diversas consecuencias de los sentimientos homeostáticos espontáneamente conscientes, resulta evidente que la consciencia tiene como fin último mantener vivo el organismo donde se generan los sentimientos homeostáticos. Lograr dicho objetivo depende de una valoración continua de la eficacia del proceso vital.

La valoración se emite en forma de *cualidad*, y más en concreto la *cualidad* que expresan los sentimientos homeostáticos, a cada momento, dentro del organismo. El procesamiento incesante de los sentimientos homeostáticos informa de manera espontánea y continua el proceso *mental* en lo que al estado de las funciones vitales se refiere.

El hecho de que esta información esté disponible tiene dos consecuencias importantes. La primera es que permite a la *mente* del organismo dar respuestas consecuentes y ajustar el proceso vital, según sea necesario, para situar su regulación dentro de un rango compatible con la vida. Cuando el proceso vital vuelve a situarse dentro de ese rango, la consciencia permite al organismo beneficiarse de esa situación y disfrutarla como un lujo.

Cuando la regulación no consciente de la vida ya no puede ajustar automáticamente los parámetros de la vida, entra en acción la regulación consciente de la vida. La mente consciente manifiesta la necesidad de llevar a cabo algunas correcciones indispensables. Los ejemplos más destacados tienen que ver con la comida, la bebida, el sobreesfuerzo y la temperatura ambiente. Una vez que «sentimos las necesidades», tendemos a saber exactamente qué hacer para llevar los parámetros respectivos a un rango seguro. Las correcciones se producen como respuestas inteligentes y voluntariamente controladas, por ejemplo, cuando me doy cuenta de que tengo sed, me dirijo de manera deliberada a donde pueda servirme un vaso de agua. Pero algunas respuestas reguladoras empiezan a producirse *antes* de que los sentimientos y su naturaleza consciente nos digan qué hacer. Nuestra temperatura corporal empieza a regularse *antes* de que seamos conscientes de que debemos refrescarnos o calentarnos. Se producen ajustes comparables de forma no consciente en relación con el ritmo cardíaco, la presión sanguínea, las tasas de filtración renal y la secreción de ciertas hormonas que dan lugar a ajustes metabólicos.

Cuando los parámetros de la vida ya se encuentran dentro del rango de supervivencia e incluso, quizá, del rango óptimo, la mente responde promoviendo la exploración del mundo que rodea al organismo. Esto, a su vez, conduce al descubrimiento potencial de nuevos medios que contribuyan a la conservación de la vida, como nuevas fuentes de nutrición, nuevos hábitats propicios, y el encuentro con otros seres que puedan ayudarnos o a los que podamos asociarnos de forma útil. Este tipo de descubrimientos presentan ventajas evidentes y todos ellos ilustran las bondades pragmáticas de la consciencia. También nos hacen comprender las profundas limitaciones de las criaturas no conscientes.

El segundo efecto de la presencia de la consciencia es más sutil, pero no menos significativo: *permite a cada men-*

te consciente descubrir su lugar en el universo. Ese lugar resulta ser el organismo/cuerpo vivo singular dentro del cual se producen los sentimientos homeostáticos y donde, como resultado, surge la consciencia. La forma en que nos relacionamos con los demás y con nuestro entorno depende en gran medida de ese descubrimiento que parece baladí pero que, en realidad, resulta decisivo: se trata del *descubrimiento de uno mismo en el mundo.*

En resumen, los sentimientos homeostáticos revelan, dentro del proceso general de la mente, tanto 1) el *estado actual* del organismo, es decir, las perspectivas de que su vida prospere o se debilite, tal como indican las valencias predominantes de los sentimientos en curso; como 2) *la existencia y la ubicación*, en el universo, del organismo/cuerpo propio y único de la mente.

Todas estas importantes revelaciones dependen de la presencia de un *sistema nervioso* capaz de representar tanto 1) *el mundo que rodea a su organismo* como, lo que es fundamental, 2) el *mundo interior del organismo.* Este último es el *mundo que el sistema nervioso se encarga de servir y proteger.* La palabra *consciencia* puede aplicarse con propiedad a todas estas condiciones y consecuencias, considerablemente distintas pero relacionadas.

III

Cuando hablo del funcionamiento de los sentimientos y digo que la «mente ordena al organismo» que ejecute una respuesta determinada, ¿qué quiero decir con ello? ¿La mente da órdenes? Y si lo hace, ¿cómo y a quién exactamente? Lo que parece ocurrir, por ejemplo, después de que un sentimiento espontáneo y consciente de hambre «haga sonar una alarma» es el descubrimiento, propiciado por el recuerdo y el razonamiento, de que una solución sencilla puede resolver el problema y anular esa alarma. La solución es cognitiva: el sujeto conoce la existencia de la comida y sabe, desde una fase temprana de su desarrollo, que comer puede poner fin al malestar. Dicho de otro modo, los sentimientos identifican un problema gracias a la representación espontánea, consciente y manifiesta de ese problema. Lo que sigue es la identificación de una solución, un proceso que depende del conocimiento previamente almacenado, obtenido de una combinación previa de percepción, deducción o aprendizaje, y del almacenamiento de nuevos hechos. Es el mundo complementario de la cognición el que identifica la solución para el problema «sentido». Es interesante notar que la ejecución de estos procesos cognitivos depende del estado de consciencia general del individuo, que es consecuencia directa de los sentimientos de existencia que el organismo genera sin cesar. En este ejemplo concreto, el sentimiento de hambre acentúa el estado consciente y desencadena una respuesta adecuada.

En otras palabras, el proceso cognitivo que permite la respuesta homeostática completa depende de una continuidad de la consciencia que a su vez depende de los sentimientos. Un anillo alrededor de la rosa fisiológica de la consciencia.

10

¿CÓMO ES POSIBLE LA CONSCIENCIA?

Hay dos formas de contestar a esta pregunta. Una está basada en a) la *fenomenología* y propone una descripción informal de los fenómenos psicológicos implicados en el proceso. La otra respuesta, basada en b) la *fisiología*, describe las funciones, neuronales y no, responsables de fabricar la consciencia.

Desde el punto de vista de la *fenomenología*, la consciencia se hace posible gracias a los sentimientos, en concreto a los sentimientos homeostáticos, que revelan a la mente —y *en la mente*— el estado del proceso vital a medida que se desarrolla en nuestros organismos, de forma ininterrumpida. Los sentimientos evalúan el grado de éxito del proceso vital y revelan sus valoraciones de manera espontánea. Lo importante aquí es que, como hemos sugerido, dicha revelación se hace en el lenguaje del *afecto*. La revelación se basa en un proceso peculiar, *posibilitado por estructuras neuronales, pero fabricado en cooperación con partes no neuronales del cuerpo* que discutiremos más adelante, en nuestra respuesta fisiológica.

La revelación de cómo transcurre la *vida actual* no se basa en observar y juzgar el proceso, desde fuera, sino todo lo contrario. La revelación es el resultado de *sentir* directamente manifestaciones del estado del organismo/cuerpo vivo, tanto en sus partes como en su conjunto. El estado de las partes vivas del cuerpo se «describe» a cada momento en términos de *cualidades* como *placentero*, *desagradable* o *doloroso*. Además, esas cualidades pueden *cuantificarse* como *intensas* o *débiles*, por ejemplo.

La representación de las cualidades e intensidades de los sentimientos es posible por el hecho de que los «objetos» de este proceso forman parte orgánica del organismo vivo que se siente; y también gracias a que *el sistema nervioso tiene pleno acceso a estos procesos vivos y orgánicos* por la única buena razón que hemos encontrado y mencionado, es decir, que el sistema nervioso está *situado por completo dentro del organismo del que forma parte*. Además, el sistema nervioso *tiene abiertos canales de comunicación con su organismo, tanto a través de estructuras neuronales como de moléculas que circulan por el torrente sanguíneo.* Por el flujo sanguíneo se pueden transmitir señales del organismo al sistema nervioso y viceversa. Así, el sistema nervioso puede generar descripciones multidimensionales de las estructuras y operaciones que integran todo el organismo en términos de cualidades e intensidades.

La respuesta *fisiológica* b) a la pregunta sobre cómo es posible la consciencia proporciona una descripción distinta de las dos partes implicadas en el proceso: por un lado, la estructura y el funcionamiento de las vísceras, como, por ejemplo, los vasos sanguíneos con sus distintas formas y calibres de pared, los pulmones, los intestinos, la musculatura del sistema motriz, y, por otro lado, la estructura y el funcionamiento del aparato neural cuya interacción con las estructuras corporales proporciona, en última instancia, sentimientos. Ahí es donde debemos señalar la *presencia —y, a menudo, la prevalencia—* de neuronas cuyos axones no están, en su mayoría, mielinizados. Esta característica aparentemente trivial reviste una gran importancia. *Permite que los tejidos y las operaciones neurales y no neurales interactúen y se mezclen, y da forma a esas interacciones.* Las neuronas no mielinizadas presentan un funcionamiento flexible, y se relacionan estrechamente con su entorno a lo largo de sus axones no aislados, mientras que las neuronas mielinizadas están «encendidas» o «apagadas», en la unión sináptica, como consecuencia de la mielina que aísla sus axones. Esta característica anatómico-fisiológica —las neuronas no mielinizadas— proporciona al proceso mental un relato verdaderamente *visceral* y *cualitativo* del proceso biológico en curso, en lugar de representaciones *fácticas*, *independientes* del cuerpo e intelectualmente *distanciadas*, como las que suelen generar las neuronas totalmente mielinizadas. Este último tipo de representaciones se da cuando esas neuronas totalmente mielinizadas se encargan de describir con precisión, en beneficio de nuestra mente, lo que ocurre de verdad en el mundo exterior.

En términos fisiológicos, el poder que subyace a los sentimientos como habilitadores de la consciencia es antiguo. Los sentimientos están basados en neuronas no mielinizadas, evolutivamente más arcaicas, cuyas operaciones son de estilo «analógico». En cambio, el poder subyacente a las operaciones no sentimentales de las mentes es sin duda alguna «digital», basado en el estilo de activación «todo o nada» de las neuronas mielinizadas. En los próximos capítulos observaremos otras consecuencias de esta disposición fisiológica evolutivamente novedosa.

II

PROFUNDIZAR EN LAS SOLUCIONES

11

QUE SURJA LA CONSCIENCIA

I

Un hermoso día surgió la consciencia. No sabemos si llegó en un solo destello o por pasos, y no importa, siempre que las criaturas así contempladas estuvieran despiertas. Creo que hay dos operaciones fundamentales responsables de la consciencia y que deben generarse una al lado de la otra: los sentimientos homeostáticos y las representaciones mentales que describen el mundo que nos rodea junto con las reflexiones que hacemos sobre ese mundo. Los sentimientos, también llamados *interoceptivos* y *homeostáticos*, son representaciones detalladas de distintas actividades y estados internos del organismo. En el capítulo 13 explicaré cómo se fabrican en realidad esos sentimientos homeostáticos y describiré sus detalles fisiológicos, pero por ahora debemos tener claro algo importante: los sentimientos homeostáticos/interoceptivos representan las consecuencias funcionales de una gran variedad de actividades internas de nuestros organismos. Ilustran un amplio espectro de funcionamientos viscerales, a veces de forma precisa y otras de forma esquemática, pero las características más destacadas e influyentes de aquello que ilustran se refieren a las *cualidades* e *intensidades* de los procesos orgánicos retratados y al hecho de que incluyen un componente de movimiento visceral. Los sentimientos homeostáticos nos permiten experimentar directamente y sin intermediarios esas cualidades, intensidades y movimientos en nuestra mente. Resulta curioso que los sentimientos homeostáticos sean «mentales» a la vez que «visceromotores»: son de doble naturaleza.[1]

Conviene recordar que la mezcla de calidad e intensidad también se designa con términos tradicionales como *valencia* y *excitación*. Preferimos descartar estos términos anticuados porque creemos que no tienen el mismo poder de evocar los procesos que intentamos describir. Un ejemplo destacado de este tipo de proceso crítico es la temperatura corporal. Desde un punto de vista objetivo, podemos medir sus variaciones con un termómetro, por supuesto, pero antes de medir la temperatura corporal la *sentimos*: como placentera o desagradable, ligera o intensa. Lo mismo ocurre con los latidos del corazón, que pueden ser objetivamente lentos o rápidos, regulares o irregulares, pero que experimentamos de forma natural en relación con el bienestar o la excitación o la ansiedad, y como más o menos intensos. En cualquier momento, el mal funcionamiento de un órgano o una herida localizada, ya sea grande o pequeña, puede generar dolor, que podemos clasificar como leve o intenso, pero nunca como agradable. En cualquier momento, el desarrollo de las operaciones viscerales puede generar una sensación de confort y armonía o una sensación de náusea, y dar lugar así a la experiencia de cualidades totalmente distintas.

El fundamento físico de un *sujeto* psicológico —cuyo núcleo consiste en nada menos que todo el sector visceral de su respectivo organismo— es continuamente representado en el sistema nervioso central, es decir, en «el cerebro». Este arraigo físico consta de un cúmulo de señales que emanan continuamente de los varios territorios viscerales de nuestro cuerpo. De la transmisión de estas señales se ocupan los *nervios periféricos*, distribuidos por todos los rincones de nuestro cuerpo como centinelas siempre presentes y alerta, y por un extraño tronco nervioso conocido como *nervio vago*. Las señales recogidas por esos centinelas se transmiten en primer lugar a varios territorios del sistema nervioso relacionados con la interocepción, y ahí se ordenan por primera vez en forma de mapas. Estos territorios incluyen a) los *ganglios nerviosos periféricos*, que se alinean en una secuencia vertical a lo largo de la médula espinal y el tronco encefálico; b) los principales *núcleos neuronales del tronco encefálico*, el *hipotálamo* y el *tálamo* y, por último, c) *regiones de la corteza cerebral* como las *cortezas somatosensoriales* y la *ínsula de Reil*. Y además de todas estas señales corporales transmitidas por las estructuras neurales, ¡resulta que el cuerpo también envía señales al sistema nervioso central a través del torrente sanguíneo! ¡Ahí queda la independencia del sistema nervioso con respecto al cuerpo!

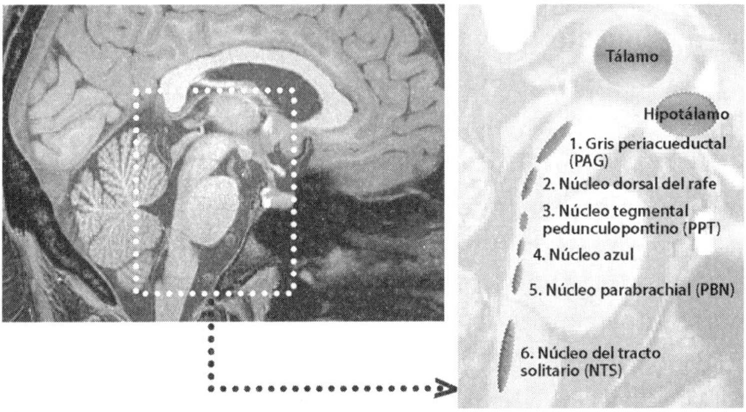

Las señales originadas en todos los compartimentos viscerales del cuerpo se transmiten a los núcleos del tronco encefálico posterior a través de neuronas de la médula espinal y del nervio vago. La posición aproximada de los principales núcleos receptores se indica en la figura.

Por desgracia, tanto las importantes estructuras anatómicas y fisiológicas como los pasos fisiológicos que acabo de esbozar suelen pasarse por alto en los debates sobre los sentimientos, por no hablar de los debates sobre la consciencia. Peor aún, cuando se tienen en cuenta, se describen sin mencionar el hecho de que estas señales interoceptivas *no son meras señales de entrada unidireccionales*. Abordaremos esta importante omisión en la siguiente sección.

II

Las descripciones típicas de la interocepción obvian el hecho de que el cerebro *responde* a las señales viscerales que recibe *ordenando e intentando ejecutar correcciones y ajustes de las constantes o parámetros corporales en un momento determinado*, según sea necesario para mantener la viabilidad de un proceso vital. Una vez ejecutados los ajustes como es debido, las señales cambian y el cuerpo, por así decirlo, le pide al cerebro que se detenga y este obedece. En realidad, los sentimientos homeostáticos se parecen más a conversaciones bidireccionales entre el cuerpo y el cerebro que a telegramas que el cuerpo enviaría al cerebro de forma unidireccional. No menos importante es el hecho de que la *comunicación cruzada entre el cuerpo y el cerebro*, que ayuda a definir el proceso de interocepción, *no* se encuentra en la maquinaria exteroceptiva del cerebro, el aparato que soporta la percepción del mundo que nos rodea, sino en el mundo interior, que describimos por primera vez en el capítulo 7. Como habíamos adelantado, el proceso de *la* mente sintiente *se basa en especificaciones anatómicas y fisiológicas que difieren bastante de las que sustentan los procesos de la* mente perceptiva *y* reflexiva/lingüística.

Las conclusiones que podemos extraer de esta disposición asimétrica y poco reconocida son realmente notables. Podemos integrarlas del siguiente modo: dado que la información que proporcionan los sentimientos interoceptivos es esencial para administrar la vida de manera satisfactoria, nuestra naturaleza inteligente acabó por hacer posible que la comunicación cruzada entre el cuerpo y el cerebro fuera realmente *conocida por el sujeto*, es decir, que se volviera consciente. Se trata de una disposición funcional de lo más natural y sencilla, que consideramos el fundamento último y la justificación del proceso de consciencia. Subraya el hecho flagrante, pero ignorado de manera sistemática, de que *los sentimientos interoceptivos (u homeostáticos) son espontáneamente conscientes*. La continuación de la vida depende de que la información proporcionada por esos sentimientos homeostáticos *se represente de modo fiable y coherente en la mente del organismo que los manifiesta, y que además suscite una respuesta por parte de ese proceso mental*. La naturaleza espontáneamente consciente de la información relacionada con la vida es la que posibilita las respuestas creativas e inteligentes a los problemas que el desarrollo de la vida suele plantear. La presencia de *información sentida*, es decir, la presencia de consciencia, relativa al proceso vital, reduce la probabilidad de hacer caso omiso de las advertencias críticas que salvan vidas, algo que tal vez habría ocurrido si las señales no fueran reconocidas por la consciencia y consideradas como asunto de vida o muerte, especialmente las de contenido alarmante.

LA DIVISIÓN DEL TRABAJO

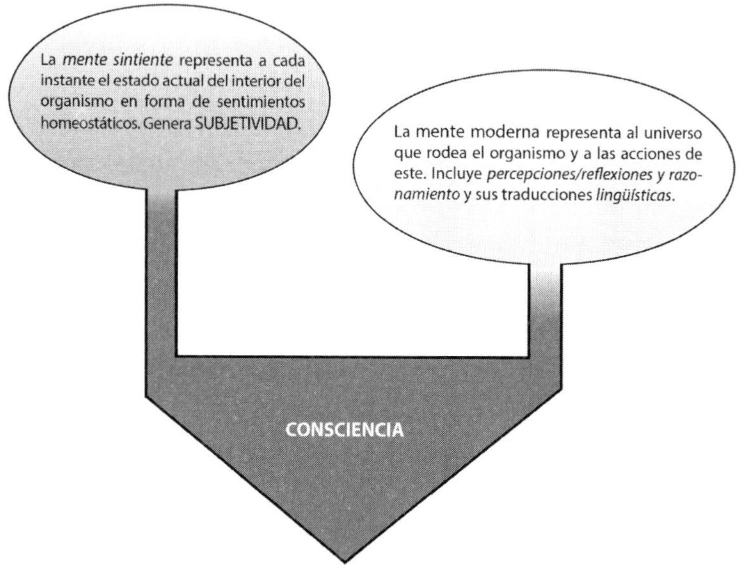

La *mente emocional* genera continuamente *subjetividad* en paralelo con las *percepciones, reflexiones, creaciones* y *traducciones* lingüísticas que genera la *mente integrada*. La conciencia surge de estos dos procesos continuos, que se originan en componentes espacialmente distintos del sistema nervioso, pero *simultáneamente*.

III

La emergencia de sentimientos homeostáticos es una conquista extraordinaria de la neurobiología y, sin embargo, como ya se ha dicho, queda bastante más por decir sobre los estados conscientes que experimentamos más allá de la producción de sentimientos homeostáticos. Esos preciosos sentimientos deben resonar en los pasillos de nuestras mentes para que puedan servir a su propósito de conservar la vida en su carril. La inteligencia natural proporcionó un gran aliado para la interocepción que son los procesos de la *mente perceptiva* y *reflexiva/lingüística*, produciendo continuamente *imágenes de lo que hay alrededor del organismo y no dentro*, junto con imágenes de los movimientos voluntarios del propio organismo, y con las *consiguientes reflexiones y traducciones a un lenguaje* de la imaginería relacionada. Las imágenes que sustentan esos procesos consisten en gran medida en a) patrones sensoriales simples y directos, mapeados a partir de los órganos sensoriales periféricos responsables de la visión, el oído, el gusto, el olfato y el tacto; y en b) los músculos y articulaciones que pueden controlarse a voluntad y también c) desde los procesos de *pensamiento, reflexión* y *creación* ejecutados con base en aquellos patrones. Los patrones sensoriales se transmiten desde los órganos periféricos respectivos, como los ojos o el oído interno, a las cortezas cerebrales que apoyan cada modalidad sensorial concreta. Ahí es donde se despliegan como mapas, que constituyen los fundamentos anatómicos y funcionales de *todas* las imágenes que la consciencia nos permitirá experimentar como propias. Sin embargo, cuando pasamos del modo mente perceptiva al modo mente reflexiva/lingüística, se produce un proceso complementario: junto a las imágenes que retratan nuestro entorno actual, nuestra mente también muestra imágenes con otros orígenes, por ejemplo, imágenes que representan los hechos e ideas que constituyen nuestros pensamientos creativos. Hay que tener presente que, aunque algunas de esas imágenes puedan ser actuales, incluso recién formadas, otras pueden haberse generado mucho antes y haberse grabado en la memoria, que es desde donde ahora se recuerdan e integran en el proceso de pensamiento principal. El proceso *reflexivo* es posible gracias a que el cerebro cambia repentinamente su modo de funcionamiento al «modo por defecto» que hemos descrito en los capítulos 4 y 5. Nótese, por fin, la abundancia de traducciones verbales de todos los patrones de imaginería o imagéticos, de modo que el proceso que describimos es realmente mixto, en parte claramente imagético y en buena parte lingüístico. La ironía, por supuesto, es que el componente lingüístico es parcialmente imagético. Esto se debe a que las palabras que enriquecen nuestros procesos mentales tienen un trasfondo *imagético* que puede expresarse en forma de patrones auditivos, visuales o somatosensoriales. Tanto si utilizamos imágenes simples como si utilizamos traducciones lingüísticas de esas imágenes, nuestra mente se basa en patrones imagéticos.

IV

Un importante aliado de la interocepción es la propiocepción. Puede que el término no sea atractivo ni transparente, pero eso no quita importancia a lo que consigue la propiocepción que, de manera literal, se asoma a la parte de la maquinaria corporal que la interocepción ignora en gran medida, es decir, los músculos estriados, las articulaciones y los huesos de las extremidades, el tronco, el abdomen y el rostro.[2] La mayoría de las actividades externas de nuestro cuerpo —desde andar, correr y comer hasta escribir, hablar y cantar— dependen de esa maquinaria. Las señales correspondientes a esas actividades voluntarias también se transmiten con esmero y lujo de detalles al cerebro, donde se despliegan en forma de mapas, en un proceso comparable al que representa el mundo *alrededor* de cada organismo y el mundo interoceptivo *dentro* de nuestras entrañas. Pero hay diferencias sutiles en la forma en que operan estos distintos canales de percepción.

Al igual que ocurre con las señales interoceptivas, las propioceptivas operan *dentro* del cuerpo y son capaces de entablar con el cerebro una conversación destinada a invitar a una corrección de los parámetros funcionales siempre que sea necesaria. Esto propicia el tipo de ajuste continuo que, entre otras cosas, nos permite adaptar nuestro paso al tráfico peatonal que nos rodea, el tipo de corrección cruzada que nos permite correr hacia el tren que sale del andén, o practicar cualquier deporte o tocar un instrumento musical. También hay algo muy sutil y oculto en la propiocepción y es que contiene «su propio sector interoceptivo». Cuando el ajuste de nuestra musculatura no se produce de forma armoniosa podemos padecer calambres o, peor aún, podemos dañar las fibras musculares e incluso los ligamentos. El resultado de cualquiera de esos percances es el dolor, más o menos intenso, transmitido por los operadores interoceptivos que se ocultan en medio de nuestro aparato musculoesquelético.

En términos prácticos, la *exterocepción*, ayudada por la propiocepción, forma parte de la base de lo que convencionalmente se considera el proceso mental en curso en un momento dado. En la mayoría de los casos, ese proceso es un panorama complejo, multimodal y «fílmico». En primer lugar, está constituido por 1) los «materiales» que nos rodean en este preciso momento, pero mezclados con fragmentos de lo que nos ha rodeado en el pasado, que se han grabado en la memoria y que se recuerdan cuando conviene o cuando hace falta; pero también está constituido por 2) un acompañamiento paralelo, siempre presente y complementario de sentimientos homeostáticos oriundos de dos fuentes paralelas: a) el propio proceso vital fisiológico y b) las imágenes que se perciben actualmente en 1), las cuales necesitan hacerse conscientes. Los acompañamientos de sentimientos son como un coro musical haciendo comentarios sobre las acciones representadas en los asuntos principales.

Para concluir este comentario, hay que recordar una característica importante y distintiva de la exterocepción: *en ella no hay nada comparable a la mensajería cruzada directa que tiene lugar en la interocepción, cuando ciertos mensajes interoceptivos/viscerales provocan una respuesta inmediata y, al menos en parte, correctiva* (como parte de la conversación bidireccional que antes hemos descrito). En lo que respecta a la exterocepción, el cerebro es un verdadero *buzón* de mensajes y los utiliza para construir la proyección en forma de teatro circular que casualmente aceptamos como nuestra mente *habitual*. Sin embargo, como antes se ha señalado, el cerebro *no responde directamente* a lo que el mundo le dice, y no lo hace debido a las características anatómicas y fisiológicas notablemente diferentes de a) los sectores del sistema nervioso asignados al interior del organismo —en los dominios de la interocepción y, en parte, de la propiocepción— o b), en el caso de la exterocepción, de los sectores del sistema nervioso encargados de explorar el universo que rodea a ese organismo. Con base en esa exploración continuada hemos conceptualizado el universo que nos rodea y archivado en la memoria algunos de los conceptos relacionados con él.

Un último apunte sobre el tema de la exterocepción es que la ubicación de los principales sensores de imágenes externas en nuestro cuerpo obliga a que las representaciones mentales del mundo exterior al organismo se obtengan predominantemente en una perspectiva *particular*, que podemos describir como la perspectiva desde la cabeza del sujeto, gracias a dos ojos que miran hacia delante, al espacio que tenemos delante, y a dos oídos que escuchan lo que ocurre a ambos lados de nuestro cuerpo. El notable editor cinematográfico Walter Murch era muy consciente de esta condición y utilizó este conocimiento para crear bandas sonoras perfectas para sus películas. Obsérvese la excepción parcial del tacto, que puede originarse en cualquier parte del cuerpo, aunque lo tienen copado *las manos* y la región del *rostro* alrededor de los ojos, la boca y la nariz. Sin embargo, las imágenes que construimos de nuestro entorno exterior tienen un punto de entrada predominante —la cabeza— y se ajustan a lo que podríamos denominar el «punto de vista de la cabeza».

V

Cuando empecé a aprender sobre el cerebro, recuerdo que descubrí cómo todo el cuerpo se proyecta en las orillas del surco central, las piernas y los pies, boca abajo, en el extremo superior de las áreas 4 y 3, 1, 2, los brazos y las manos en el extremo inferior, justo antes de la cabeza, que ¡pásmate!, no está boca abajo, como el resto del cuerpo, sino que nos mira con la cara recta. (El término *áreas* hace referencia a varias regiones de la corteza cerebral que resultan ser anatómicamente distintas cuando se estudian al microscopio y revelan arquitecturas celulares diferenciadas.)

También recuerdo haber pensado que las representaciones de nuestros órganos internos —nuestras vísceras, del corazón y los pulmones hasta las tripas— se encontraban tal vez en medio de estas grandes proyecciones, lógica y oportunamente situadas en relación con las regiones reservadas al cuello, el tórax y el abdomen. Nadie me aclaró entonces que esa idea era por completo errónea y al final tuve que desaprenderla por mi cuenta. Lo cierto es que las principales representaciones cerebrales de las vísceras se encuentran a kilómetros de distancia, dentro del sistema nervioso central, sin duda, pero muy por debajo de la corteza cerebral.

Se encuentran en la región del tronco encefálico, comenzando en el núcleo del tracto solitario (o NTS), perfectamente organizadas con precioso detalle, órgano por órgano, con una atención extrema a la posición de cada víscera en relación con las demás y, para mayor asombro, correctamente orientadas en relación con el eje vertical. Todo ello a pesar del escaso espacio neuronal disponible en el tronco encefálico, sobre todo en comparación con el amplio espacio que la corteza cerebral ha reservado para las partes musculoesqueléticas del cuerpo, en las orillas de los surcos centrales. Para ser justos, los giros corticales de la ínsula de Reil dedican un buen espacio a los asuntos viscerales, pero la verdad es que el componente principal de los procesos viscerales sigue siendo subcortical.

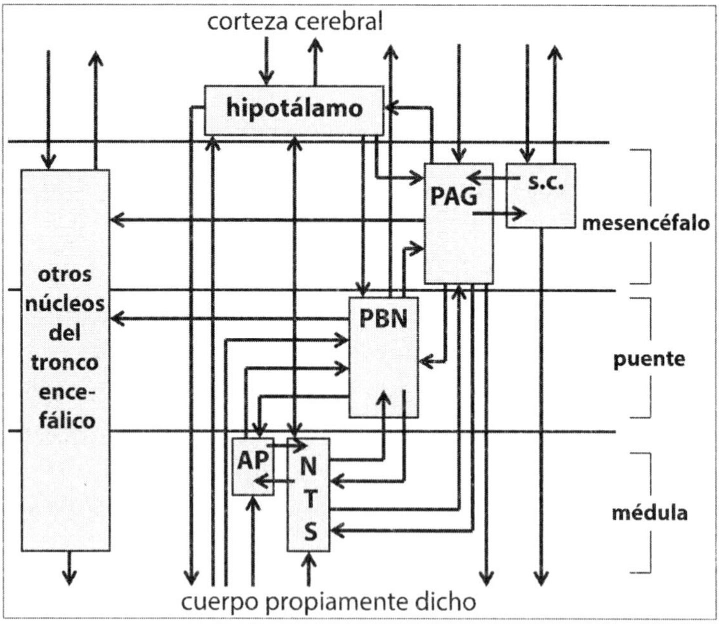

Esta sorprendente disparidad llama la atención sobre un malentendido común: *las representaciones de las vísceras en el sistema nervioso central no comienzan en lo relativo a la*

corteza cerebral, sino más bien en lo relativo al tronco encefálico. Por eso, los sentimientos homeostáticos relacionados con las vísceras son sobre todo el resultado de la *actividad subcortical* más que de la *actividad en las cortezas somatosensoriales (Rolándica)* —cuyo cometido es sobre todo apoyar el movimiento voluntario— o las *cortezas insulares* que se ocupan de los asuntos viscerales pero en cuanto complemento a lo que ocurre en el tronco cerebral superior. Esta realidad no impide que las áreas corticales también participen en el procesamiento visceral, aunque no como procesadores primarios.

La concepción tradicional de las representaciones viscerales situadas en la corteza cerebral es una amalgama de exageración y mito. Como se ha señalado, la interocepción, para empezar, es del orden de lo subcortical. Las contribuciones de la corteza cerebral a las actividades interoceptivas atañen en gran medida al uso de segundo orden de la información interoceptiva relativa a tipos específicos de manifestaciones de sentimientos. Me refiero a los sentimientos homeostáticos generados por las operaciones en las que destaca la corteza cerebral —o relacionadas con ellas—, es decir, i) la percepción del mundo exterior, ii) el razonamiento, iii) la memoria, iv) el lenguaje y v) la imaginación. Sabemos que estos procesos sacan buen partido de los sentimientos homeostáticos, pero no los «producen».

VI

Después de esta explicación poco convencional, tengo una buena noticia: como se ha sugerido antes, la consciencia surge de forma bastante natural, una vez que el cerebro consigue colocar 1) abundantes *sentimientos del interior del cuerpo* —los sentimientos de existencia junto con los demás sentimientos implicados en la regulación homeostática—, junto a 2) el proceso mental general que incluye i) *imágenes del entorno del cuerpo*, es decir, del mundo alrededor, junto a ii) *imágenes que representan varios aspectos del proceso de pensamiento entre las que se incluyen imágenes rescatadas de la memoria, conectadas de forma lógica*.

Los procesos 1) y 2) se desarrollan en paralelo, pero, lo que es importante, el proceso 1) llega a influir en el proceso 2). Llegamos a ser capaces de «experimentar» los acontecimientos mentales generales presentes en el proceso 2) debido a la presencia continuada de los sentimientos que tienen origen en el cuerpo, bajo el proceso 1). En su conjunto, los «sentimientos corporales» y las «imágenes del proceso mental general» crean a) *representaciones funcionalmente integradas del estado actual del organismo único en el que se producen*, y b) esas representaciones funcionalmente integradas mantienen una relación con el *lugar concreto que ocupa el organismo en el espacio circundante*.

Mi propuesta es que la *combinación continua de a) sentimientos interoceptivos continuados, b) una perspectiva exteroceptiva y c) un proceso de reflexión basado tanto en a) como en b)* genera algo novedoso y único: *experiencias subjetivas continuas*. En términos fenomenológicos, tales experiencias subjetivas son los ingredientes fundamentales de la consciencia.

En resumen, la consciencia surge 1) *cuando los sentimientos interoceptivos que sentimos* —formados en el conjunto de nuestro organismo— y 2) *lo que percibimos en el entorno de ese mismo organismo, tal y como lo organiza nuestro pensamiento*, se 3) procesan a) *lado a lado* y b) *simultáneamente* dentro de *una entidad singular*. Esa entidad singular resulta ser *todo nuestro organismo vivo* con sus dos notables componentes subsidiarios: a) *el cuerpo en su totalidad* y b) *el sistema nervioso* que se encuentra dentro de ese mismo cuerpo. El componente b) está totalmente integrado en el componente a). Lo que sentimos en lo más profundo de nuestros cuerpos, y lo que percibimos respecto a nuestro entorno y a nuestro pensamiento es, por consiguiente, *experimentado por un único ente-sujeto integrado*. Ese ente-sujeto es el rico propietario de un cuerpo vivo concreto y de su sirviente, bastante fiel aunque obstinado: el sistema nervioso.

VII

El hecho de que unos sentimientos sean conscientes no garantiza de por sí una vigilancia homeostática perfecta e incluso tiene sus riesgos: uno puede ser consciente de sus sentimientos de alerta y sin embargo desoír sus consejos explícitos. Aun así, las ventajas de los sentimientos conscientes son innegables. Ayudan a conservar la vida y mejoran las perspectivas generales de supervivencia.

Como he indicado, la labor de los sentimientos homeostáticos en los organismos dotados de ellos consiste en informar a sus poderes intrínsecos de la necesidad de tomar ciertas medidas para que la vida pueda continuar. Puede ser que el cuerpo esté demasiado caliente y necesite un poco de frío, o que esté demasiado deshidratado y necesite líquidos, o, simplemente, que le falte energía y no le venga mal comer un poco. Los sentimientos transmiten un conocimiento crítico, basado en una valoración continua de las necesidades vitales del organismo, y desde luego no lo hacen a la ligera. Al contrario, *les va la vida en ello*: es como si estuvieran decididos a hacernos actuar de tal manera que las necesidades del organismo pudieran satisfacerse. Los sentimientos son *apremiantes*. El secreto de este poder reside en su fisiología particular. Los sentimientos no envían mensajes en código morse; remueven la carne y perturban la mente, a veces hasta que cumplimos su petición o seguimos su consejo. Por cierto, cuando los sentimientos solo buscan que nos relajemos, disfrutemos del día y exploremos el entorno para nuestro propio beneficio potencial, también nos apremiarán a que lo hagamos, con insistencia aunque también de forma agradable. En resumen, tanto si los sentimientos nos hacen simples sugerencias como si intentan engatusarnos, nos seducen o hacen exigencias, siempre nos obligan a «hacer cosas», y esas «cosas» tienen que ver con la vida, y más en concreto con preservarla, de la forma más eficaz. Seguir las recomendaciones de los sentimientos u obedecer sus órdenes nos ayuda a vivir.

Los sentimientos homeostáticos logran maravillas porque *contienen* conocimientos o información útiles que *transmiten* de forma eficaz. La eficacia está en su naturaleza: en lugar de recurrir a algún tipo de lenguaje abstruso para comunicar sus conocimientos, exhiben *cualidades* afectivas e *intensidades* expresadas por *cambios reales en la carne del sujeto*; *revelan* estados de vida reales. Los sentimientos no son invitaciones de cortesía. Dependiendo de la situación en la que intervengan, sus sugerencias o peticiones pueden llegar a ser órdenes, tan vehementes que no se pueden rechazar y aún menos pasar por alto.

VIII

No me consta que existan sentimientos homeostáticos sin un componente consciente. ¿Cómo sabríamos que existen si no fueran conscientes? Los sentimientos homeostáticos lo son desde su origen, están plenamente conectados a la vida del organismo en el que surgen, plenamente comprometidos a salvar a su organismo a cada momento. Pueden ser predicadores bienintencionados o demonios tentadores que saborean ya el próximo triunfo de su seducción.

Una vez que surgen los sentimientos homeostáticos, se dan los primeros pasos en el amplio y profundo proceso de la consciencia. Todos los *contenidos habituales de nuestra mente que no son sentimientos* se sitúan de forma natural *en el contexto/perspectiva de las necesidades homeostáticas sentidas* de un organismo vivo concreto. *Por consiguiente,* TODOS los contenidos no sensibles de la mente se ven *afectados.* En resumen, *los contenidos habituales de la mente, que no son sentimientos, se muestran simultáneamente en la mente de un organismo que siente su propia vida y que, por ello, es obligatoriamente «informado» de lo que necesita para conservar su vida.*

Imagínate un escenario en el que los sentimientos homeostáticos y la consciencia que acompaña a cada uno de ellos son *la* iluminación misma: todos los decorados y actores están iluminados, en sus lugares correspondientes, por esa fuente lumínica única pero muy potente. Aquí no hay ningún milagro. Los contenidos habituales de la mente, que no los sentimientos, *se hacen conscientes* merced a la «iluminación» fisiológicamente conectada que reciben de la «compañía teatral» a la que mantienen. Toman prestada la sintiencia que la *mente sintiente* produce con consistencia y dispensa en abundancia.

12

MÁS SOBRE CÓMO SURGE LA CONSCIENCIA

I

Los sentimientos homeostáticos surgen de la maraña de eventos de regulación vital que ocurren en las vísceras del cuerpo y se materializan en las regiones de procesamiento interoceptivo del cerebro *coincidiendo en el tiempo* con los patrones imagéticos que tienen origen en el mundo exterior —o en nuestros archivos de memoria— y que se despliegan en las regiones exteroceptivas del cerebro, como las áreas de percepción visual y auditiva. Solo entonces surge, de veras, una mente consciente; solo entonces, debido a la compañía a la que mantienen, se pueden identificar adecuadamente las imágenes del mundo que rodea a un organismo concreto —o los reflejos que les aplicamos junto con las traducciones lingüísticas que podemos hacer de cualquier contenido mental— como parte de ese organismo. Solo entonces queda inaugurada la consciencia, gracias al mensaje natural, espontáneo y obligado de «pertenencia» que los sentimientos emiten en todo nuestro espacio imagético, que incluye los procesos *perceptivos*, *reflexivos* y *lingüísticos*. Ese mensaje de pertenencia es lo que permite al cuerpo «adueñarse» de esas imágenes, de manera totalmente intencionada.

El mensaje que transmiten los sentimientos homeostáticos relata en voz baja, desde varias perspectivas, el estado momentáneo del cuerpo vivo. No se limita a describir las acciones que tienen lugar en distintas partes del cuerpo, sino que también describe las *cualidades* asociadas a esas acciones. Los sentimientos revelan espontáneamente a las imágenes que constituyen el proceso de pensamiento en curso —los objetos, las acciones, las relaciones, las ideas, junto con las palabras que las expresan— que en medio de este ajetreo también hay un *cuerpo sintiente*, vivo y en funcionamiento, y que cuerpo y mente son compañeros y operan juntos.

Los sentimientos continuos concurren con las imágenes descriptivas del proceso de pensamiento en curso que contiene una mezcla de lo que se percibe y de lo que se reflexiona. Esos sentimientos continuos *revelan naturalmente* que la perspectiva en la que se han generado todas esas imágenes no es otra que la del cuerpo respectivo. Todos esos sentimientos también indican que todo el proceso de la imagen se desarrolla *en el cuerpo* y *tiene lugar dentro del mismo organismo vivo*. El cuerpo y la mente mantienen una relación de pertenencia recíproca y el lugar singular de su relación —el cuerpo— les otorga un lugar estratégico en el universo.

La consciencia es el resultado de esta serie de eventos que un organismo neuralmente equipado va generando y proyectando en un espacio neural y corporal compartido en forma de imágenes animadas que constituyen una *mente*. Los hechos que ocurren en este proceso mental compuesto constituyen *revelaciones*. Cuentan una historia convincente de forma espontánea y eficaz. Los sentimientos revelan el cuerpo vivo como *lugar* de la mente y, además, curiosamente, lo presentan como *titular* de esa mente. Y así comienza el viaje del yo.

II

¿Por qué los sentimientos homeostáticos son *espontáneamente* conscientes? Creo que la respuesta no puede ser más sencilla y tiene que ver con la *necesidad*. Dado que los sentimientos retratan de forma natural el estado vital del organismo, el proceso evolutivo les asignó el papel de *centinelas* y los encargó de la misión específica e imprescindible de *proteger la integridad de los organismos vivos alertándolos tanto de los riesgos como de las oportunidades*. Si los sentimientos homeostáticos *no hubieran sido conscientes*, no habrían podido desempeñar las funciones de protección de la vida que la naturaleza les asignó. Los sentimientos homeostáticos *tenían que ser espontánea y necesariamente conscientes*. ¡Así quiso que fuera la inteligencia natural, y así lo ordenó!

La vida es una *performance* al filo de lo imposible, un proceso complejo que se sostiene contra viento y marea y necesita toda la ayuda posible para tener éxito. Los sentimientos son una forma primordial de contribuir a la continuidad del tipo de vida que tenemos, con sus obligados equilibrios. Los sentimientos *aconsejan* al organismo y, si hace falta, pueden decirle que se ponga a salvo. Pero también pueden decirle que no hay ninguna amenaza, ningún problema concreto a la vista, que de momento todo va bien, que es hora de relajarse y explorar. Los sentimientos tenían que ser espontáneamente conscientes, pues de lo contrario no habrían podido desempeñar esas funciones de *fomento* y *protección* de la vida. No podía ser de otra manera. También por eso los sentimientos tienen que ser la pieza central de nuestro relato de la creación de la consciencia.

III

¿Cómo surgieron los sentimientos? Los sentimientos lograron hacerse conscientes por su fisiología, que hunde sus raíces en el engranaje profundo de la carne viva.

A diferencia de nuestras percepciones del mundo exterior, las percepciones que llegan a constituir los sentimientos mantienen una conexión directa con su fuente. Por jugar un poco, podríamos llamar a esta conexión directa «línea de la vida», porque vincula las representaciones reales de los sentimientos, tal y como se producen en el espacio del organismo vivo, con la fuente misma de esas representaciones: el proceso vital que se desarrolla dentro de la carne del cuerpo. Las dos partes —cerebro y cuerpo, «percepto de sensación» por un lado y «cuerpo-fuente del percepto» por otro— se hablan profusamente. Esto debería recordarnos que la diferencia entre percibir dolor y percibir una nube en el cielo no es sutil. Mi cerebro no puede hablar con la nube, ni viceversa, pero la herida que me causa dolor puede hablar *repetidamente* con mi cerebro sobre lo que ocurre en esa misma herida. *Aquí* hay una herida y *allí* una *representación interoceptiva* de la herida, y se enzarzan en una serie de mensajes cruzados que se ajustan con el objetivo de ayudar a mitigar el problema. Sospecho que su «conversación» es lo que genera aquello que conocemos como *experiencia*.

La configuración que acabo de describir difiere notablemente de la configuración de las percepciones auditivas o visuales simples de objetos situados en el entorno de nuestro organismo y no en su interior. Esta disposición también es considerablemente distinta de la que se puede encontrar en las bacterias o en los árboles en situaciones comparables. Estas criaturas no pueden «percibir» ni su interior ni su exterior, en el sentido propio de la palabra *percepción*; en su lugar, «sienten». Sentir es un pariente lejano y modesto de «percibir». No requiere un sistema nervioso.

La percepción responde a algunos aspectos destacados de un estímulo en una situación reguladora concreta, pero no requiere una representación completa de esa situación: no le hace falta *describir*. Ahora comparemos la sintiencia con la percepción, tal y como el sistema nervioso la permite: la percepción genera representaciones detalladas y, cuando los objetos del proceso perceptivo se encuentran dentro del organismo, el cuerpo y el cerebro conspiran para generar una *descripción flexible*, aunque detallada, porque el estado preciso en el que se encuentra el cuerpo vivo puede fluctuar con facilidad.

La configuración de los sensores es muy distinta de la de las percepciones sonoras o visuales. Estas percepciones consisten en *mensajes entrantes unidireccionales*.

Los mensajes proceden de la realidad exterior y alteran el estado de los receptores neuronales a través de órganos de exploración como los ojos y los oídos, y sin embargo no se envía ninguna señal de agradecimiento al remitente. No hay diálogo directo entre el cerebro y la realidad exterior que acaba representada en su interior.

IV

Como hemos señalado antes, y a diferencia de lo que ocurre con nuestras percepciones del mundo exterior, el aparato perceptivo que está detrás de nuestros sentimientos mantiene una estrecha conexión con su fuente. Los procesos que ayudan al cerebro a generar sentimientos en su interior *y* las fuentes corporales de la percepción del sentimiento pueden comunicarse. Las dos partes —la percepción simple de alguna modificación en el cuerpo y la fuente corporal real de ese percepto— pueden hablar entre sí y hacerlo. *Los sentimientos homeostáticos son procesos híbridos.*

V

Creo que los sentimientos homeostáticos y los sentimientos en general son «imagéticos» en el sentido de que las percepciones que creamos del mundo exterior también suelen serlo, pero la similitud termina ahí. Es cierto que los sentimientos son el resultado de operaciones físicas de «mapeo» y describen «patrones» físicos. Sin embargo, lo que es muy diferente es que las imágenes que constituyen los sentimientos son *collages, composiciones hechas a partir de múltiples fuentes* cuyos orígenes y ensamblaje son mucho más complejos que las imágenes exteroceptivas. Esta complejidad refleja las siguientes realidades:

1. *Las fuentes de los sentimientos.* ¿Qué *representan* exactamente los sentimientos? Los sentimientos representan *estructuras* situadas en el interior del cuerpo y *acontecimientos* que tienen lugar allí. Las señales correspondientes llegan al sistema nervioso de forma fácil y directa porque tanto los componentes periféricos del sistema nervioso como los centrales están *dentro* del cuerpo; la *contigüidad del cuerpo y de los procesadores interoceptivos es máxima* y considerablemente distinta de lo que ocurre con la exterocepción, en la que el universo y todo lo que pasa en él son absolutamente externos al cuerpo y a su sistema nervioso.
2. *La variedad y el alcance de lo que se representa y se siente.* ¿Qué estructuras corporales representa un sentimien-

to concreto y dónde se encuentran esas estructuras en el cuerpo? La interocepción recoge información de múltiples fuentes corporales.

3. *La microscópica maquinaria que apoya el proceso del sentimiento en cuanto a*:

    a. las células involucradas, que incluyen tanto neuronas como células no neuronales en el aspecto corporal del proceso;
    b. el hecho de que la mayoría de las neuronas involucradas en la interocepción son de un tipo evolutivo relativamente arcaico y no están mielinizadas o lo están muy poco; esto es fundamental porque, como consecuencia directa de su estructura atípica, la actividad de las neuronas interoceptivas es:

        I. lenta de por sí, mucho más lenta que la de las neuronas involucradas en los procesos de exterocepción;
        II. *ni estricta ni independientemente* neural ya que sus operaciones están «ligadas» o «amalgamadas» con las de tejidos celulares «no neurales» cercanos;
        III. dependiente de moléculas químicas cuyo lugar de origen es *a la vez* neural y corpóreo.

Las *cualidades* y los grados de *intensidad* con los que experimentamos y describimos sentimientos son el resultado de las estructuras y actividades concretas que hemos descrito con anterioridad, y desde luego son muy distintas de las que pertenecen a procesos exteroceptivos.

A modo de conclusión, los SENTIMIENTOS son *procesos compuestos con una tipología singular*. En lugar de ser *monosensoriales* (como en el caso de las percepciones visuales o auditivas), cuentan con *múltiples fuentes* y por ello son *polisensoriales*. Las experiencias de sentimientos son composiciones formadas por:

1. *representaciones interoceptivas* que tienen origen en distintos sectores viscerales del cuerpo propiamente dicho;
2. *cualidades e intensidades*, que reflejan aspectos del funcionamiento de ciertas partes del cuerpo regidas por moléculas «relacionadas con los afectos»; esas moléculas también intervienen en las «amalgamas cuerpo-neurona» que son posibles gracias a la prevalencia de a) axones interoceptivos no mielinizados en el sistema, y b) a la inmediatez y facilidad de las interacciones somato-neuronales que se deben a que el sistema nervioso se encuentra en el interior del cuerpo.

13

MÁS SOBRE LA NEUROBIOLOGÍA DE LA INTEROCEPCIÓN

I

La emergencia de sentimientos homeostáticos constituye una etapa crucial para que la consciencia se materialice. Esto equivale a decir que para describir la biología que hay detrás de la consciencia primero tenemos que describir la biología de los sentimientos homeostáticos. Esto son palabras mayores, desde luego, pero la buena noticia es que desde hace tiempo se vienen llevando a cabo proyectos relacionados y algunos hechos fundamentales ya se han demostrado con creces. Esto se debe en gran medida a los actuales estudios en curso en el ámbito de la interocepción cuyo objetivo es investigar los procesos implicados en la representación y la regulación del interior de organismos vivos complejos.

Como se ha señalado en el capítulo anterior, hoy día sabemos que los sentimientos homeostáticos dependen de un tipo de neuronas que destacan por la escasez o ausencia total de recubrimiento mielínico en sus axones. Esta reveladora característica atestigua la extrema antigüedad evolutiva de esas neuronas y diferencia por completo su fisiología de la de las neuronas que nos permiten percibir nuestro entorno, a través de nuestros sentidos, o explorar ese mundo que nos rodea gracias a nuestros sistemas motrices.

Disponemos, sin embargo, de otros datos no menos intrigantes acerca de la biología de los sentimientos homeostáticos y de la interocepción que los sustenta. Esas neuronas especiales —aquellas cuyos axones carecen parcial o totalmente del agente aislante que es la mielina— se concentran en vías neurales que permiten una estrecha interconexión de las vísceras con componentes centrales específicos del sistema nervioso. Me refiero a los componentes encargados de coordinar algunas de las funciones básicas vitales a las que antes hemos aludido y entre las que se encuentran, por ejemplo, el control de la temperatura corporal y los procesos respiratorio y circulatorio, así como los comportamientos relacionados con la comida y la bebida.

Los sentimientos homeostáticos presentan una fisiología única. Estos sentimientos son el resultado de señales que describen aspectos cruciales de la función del cuerpo, unos globales y otros locales. Por ejemplo, por extraño que parezca, por no decir indeseable e irritante, podemos tener un sentimiento de «bienestar» general que coexiste con un dolor de muelas. Todas las señales responsables son transmitidas por el sistema nervioso interoceptivo, pero sin duda por *diferentes* sectores. Las palabras que empleamos para describir experiencias relacionadas son palabras que nombran distintas *cualidades* (tales como *placentero*, *desagradable*, *doloroso* o *apacible*), y pueden incluso cuantificar la experiencia como fuerte o ligera, intensa o sutil, grande o pequeña.

Para intentar hacerse una idea de este proceso, el lector puede tratar de imaginar la miríada de neuronas interoceptivas profusamente distribuidas por todo el cuerpo y por toda su carne. La interocepción se encarga de construir una «imagen» dinámica y compuesta preliminar del «estado corporal», asimismo compuesto. Falta la sofisticación de la retina, propia de una cámara de altísima resolución, pero en su lugar tenemos millones de sondas nerviosas interoceptivas, ampliamente distribuidas por toda la carne, tanto en la superficie de esta como en su profundidad, que recogen sus señales en 1) el nervio vago y, a través de una vía paralela, 2) en los ganglios nerviosos periféricos y la médula espinal.

El nervio vago contribuye de manera significativa a la interocepción. Inerva prácticamente todo nuestro interior, lo que significa que recibe señales de todo el cuerpo y envía señales a todo el cuerpo. Al converger en el núcleo del tracto solitario (NTS), las señales del nervio vago ayudan a construir mapas dinámicos del medio interno y a mantener una representación continua y dinámica de todo el organismo. El NTS es una de las principales regiones del tronco encefálico donde las señales de todo el cuerpo se reúnen en un grupo específico de células nerviosas. Esas células se convierten en conocedoras de las señales que representan el estado funcional de diversas partes del organismo vivo.

Las señales enviadas tanto desde el nervio vago como de los ganglios nerviosos periféricos convergen en los núcleos del tronco encefálico, que poseen un notable poder integrador, como el *núcleo del tracto solitario* (NTS), el *núcleo parabraquial* (PBN) y el *gris periacueductal* (PAG). Estos y otros núcleos centrales añaden sus propias contribuciones a la fabricación de sentimientos homeostáticos, un proceso que sigue ascendiendo hacia el encéfalo, donde intervienen núcleos subcorticales adicionales en zonas como el hipotálamo y el tálamo, así como regiones como la ínsula, que forma parte de las cortezas cerebrales.[1]

Importa señalar que estas dos vías diferenciadas por las que la información visceral llega al cerebro —el nervio vago y la médula espinal— tienen orígenes evolutivos distintos y objetivos distintos. Ambas transmiten información visceral de todo el cuerpo, pero el nervio vago es más reciente en términos evolutivos. Con toda probabilidad, la médula espinal se ocupa de cuestiones relacionadas con la regulación de la vida y la muerte, mientras que el nervio vago interviene en acciones reguladoras más sutiles.[2]

Creemos que los sentimientos homeostáticos comienzan a generarse como consecuencia del barrido masivo ejecutado mediante el proceso de *interocepción de todo el cuerpo*, y que siguen evolucionando en cada parada sucesiva, en una estación tras otra del sistema «afectivo». Pero el hecho más importante, el hecho que no debemos perder de vista, es que, de entrada, los sentimientos homeostáticos son conscientes cualquiera que sea el nivel del sistema nervioso en el que lleguen a generarse y cualquiera que sea el proceso específico al que terminen contribuyendo. El resultado es un aumento gradual e imparable del «balance» de la consciencia y de la provisión de una *tela de salto consciente* para todas las acrobacias que los otros procesos de la *mente integrada* —el *perceptivo* y el *reflexivo/lingüístico*— siguen ejecutando de manera simultánea en nuestro beneficio.

II

Estos hechos fascinantes constituyen el trasfondo esencial para resolver un problema fundamental: ¿cómo, fisiológicamente hablando, llegamos a *sentir* y, por tanto, a *conocer el estado de vida dentro del organismo*? Una parte sustancial de la solución del problema la aportan los procesos que acabamos de perfilar. Describen los instrumentos necesarios, en el nivel del sistema neuronal, e incluso especifican el tipo de «microprocesadores» —es decir, de neuronas— necesarios para llevar a cabo estas complejas operaciones. Sin embargo, lo ideal sería poder profundizar y desvelar el secreto de lo que, a primera vista, parece una transformación mágica: ¿cómo pueden unos *procesos biológicos* que ocurren en la *junción de los tejidos corporales* y las *neuronas interoceptivas* transformarse en patrones/eventos que *nuestra mente siente* y que nosotros, como individuos singulares, podemos *conocer*?

En trabajos realizados durante la última década, hemos propuesto que las dos partes de este acuerdo biológico —las neuronas interoceptivas especiales y las células no neurales de nuestros tejidos viscerales— participan en un proceso de *amalgamación.*[3] Con ello queremos decir que las moléculas disponibles en cualquiera de los lados del proceso pueden influir en las operaciones del otro lado. Por ejemplo, a) las moléculas presentes en los tejidos corporales no neurales pueden b) alterar directamente el funcionamiento de las neuronas interoceptivas, cuya acción, influenciada por el cuerpo, se traduce en los rasgos fisiológicos que experimentamos en forma de sentimientos. Estos sentimientos pueden describirse con el tipo de vocabulario que se suele asociar al afecto: las «cualidades y cantidades» que corresponden a estados fisiológicos de los tejidos corporales y que también se han denominado «valencias» en la terminología tradicional para abordar los procesos afectivos en estudios clásicos de estos fenómenos. Sin embargo, cuando nos fijamos en la descripción de esas operaciones a nivel celular, nos damos cuenta de cuán importantes son la estructura de las neuronas interoceptivas y el hecho de que, al no contar con el aislamiento que proporciona la mielina, las moléculas que rodean esas neuronas pueden influir en su funcionamiento, algo que no habría sido posible si existiera la barrera de la mielina. Esto es lo que tenemos en mente cuando hablamos de *amalgamación*. Nótese que lo que aquí describimos es la creación de algo nuevo, una mezcla de un proceso corporal con uno neuronal, no uno de ellos por separado, sino una especie de aleación de *ambos*, algo que solo puede concebirse porque las propiedades anatómicas y fisiológicas de las neuronas implicadas en el proceso son muy diferentes de la noción clásica, de libro de historietas, que tenemos de las neuronas, que tan solo podrían estar quietas o activas, limitadas a un binarismo de 0 y 1.

El diccionario define *comingling* («amalgamación») como «mezclar hasta ligar». Eso es precisamente lo que imaginamos que hace la interocepción: lograr una «aleación».

III

El proceso de amalgamación depende de una amplia señalización no sináptica apoyada, a su vez, en fenómenos fisiológicos específicos conocidos como 1) *transmisión de volumen*, 2) *acoplamiento efáptico* y 3) los procesos posibilitados por las *fenestraciones de la barrera hematoencefálica*. Sé que los nombres que se dan a estos procesos son bastante herméticos, por lo que explicaré, muy brevemente, en qué consisten. Baste decir, por ahora, que cada uno de ellos da cuenta de una forma en que las neuronas no mielinizadas pueden hacer su trabajo y contribuir, de una forma singular, a generar sentimientos interoceptivos. Esos procesos son respaldados, además, por una serie de características especiales presentes en la anatomía y fisiología únicas del *complejo del nervio vago*.

La mielina suele servir de barrera aislante. En una neurona mielinizada típica, aumenta la eficacia de la transmisión de señales y permite que una señal eléctrica salte de una neurona a la otra a lo largo de una cadena. La mielina garantiza una transmisión de señales de alta fidelidad. Por otro lado, los axones no mielinizados o que lo son escasamente carecen de una barrera aislante, y quedan expuestos a moléculas provenientes de su entorno extracelular. Esto los hace susceptibles a esas otras moléculas y favorece formas alternativas de señalización además de la típica alternancia entre «encendido y apagado», que se asocia a las sinapsis de las neuronas mielinizadas. Por ejemplo, en lugar de limitarse estrictamente a señales rápidas y puntuales, estas neuronas interactúan con su entorno e integran señales de tejidos aledaños, tanto neurales como no neurales. En resumen, los axones mielinizados están aislados de su entorno por la mielina y se dedican a transmitir señales a alta velocidad; por otro lado, los axones no mielinizados o poco mielinizados son más lentos y están expuestos al entorno químico que los rodea, por lo que su señalización es menos precisa. Esto se ve reforzado por características anatómicas especiales, como el paquete de Remak, que consiste en una alta densidad de los axones, que están como muy apretujados, lo que facilita tanto las interacciones directas entre ellos como entre los axones y el entorno. Los axones del nervio vago suelen encontrarse en paquetes de Remak.[4]

Las neuronas del nervio vago detectan y responden continuamente a las moléculas de su entorno extracelular. Se comportan como *sensores analógicos* dinámicos más que como *productores de señales digitales* de tipo encendido o apagado. Y lo que es más importante, esta *interfaz directa, de neural a no neural*, es el corazón fisiológico de la interocepción. Permite a las neuronas integrar una amplia gama de señales químicas sin depender de sinapsis dedicadas a una molécula específica. Algunas de las moléculas que pueden actuar de forma no sináptica en el nervio vago son la ATP, el GABA, la serotonina, la acetilcolina, la vasopresina y la capsaicina. Hay varios estudios que confirman el papel clave de estas moléculas en el nervio vago.

La señalización no sináptica sigue siendo un fenómeno poco estudiado. Aun así, reconocer la señalización no sináptica como un modo fundamental de comunicación cerebro-cuerpo es esencial para avanzar en nuestra comprensión de la interocepción.

Entre otros factores importantes de la interocepción hay que mencionar el *acoplamiento efáptico*, que se produce en haces muy apretados de neuronas poco o nada mielinizadas, cuando los campos electromagnéticos generados por una neurona o un conjunto de neuronas acaban influyendo en la activación de otras que les son contiguas. Es muy interesante observar que el *acoplamiento efáptico* también contribuye a los procesos exteroceptivos del olfato y el gusto. En mi opinión, los procesos adyuvantes del olfato y el gusto parecen ser buenos ejemplos del «uso continuado» del mecanismo de amalgamación, en el que el entorno químico y los axones especiales producen una percepción «sentida».

Otro engranaje de la interocepción son las regiones neuronales especializadas expuestas *directamente* a la circulación sanguínea. La vasculatura del cerebro suele estar sellada por células endoteliales que controlan estrictamente la entrada de agentes sanguíneos, con lo que protegen al cerebro de agentes patógenos y preservan sus delicados equilibrios químicos. Sin embargo, ciertas regiones, conocidas como órganos circunventriculares (OVC), carecen de esta barrera y permiten el libre intercambio entre la sangre y el tejido neural. Los órganos circunventriculares se hallan alrededor de los ventrículos cerebrales y tienen aberturas, conocidas como fenestraciones, que vuelven permeables estas regiones, pudiendo así participar en intercambios rápidos de moléculas de señalización decisivas (como hormonas, neuropéptidos y neuromoduladores) entre el cerebro y el cuerpo.

Además, entre las neuronas que se encuentran en OVC importantes, como el *área postrema*, el órgano subfornical (OFS) y la eminencia media, contienen neuronas esenciales para detectar moléculas venenosas y reaccionar ante la presencia de dichas moléculas provocando el vómito. Esta reacción impide la absorción de más toxinas, contribuyendo así para mantener el equilibrio homeostático. El OFS también detecta los niveles de sal en sangre y envía una señal al hipotálamo para orquestar una serie de órdenes a los riñones destinadas a restablecer el equilibrio de líquidos.

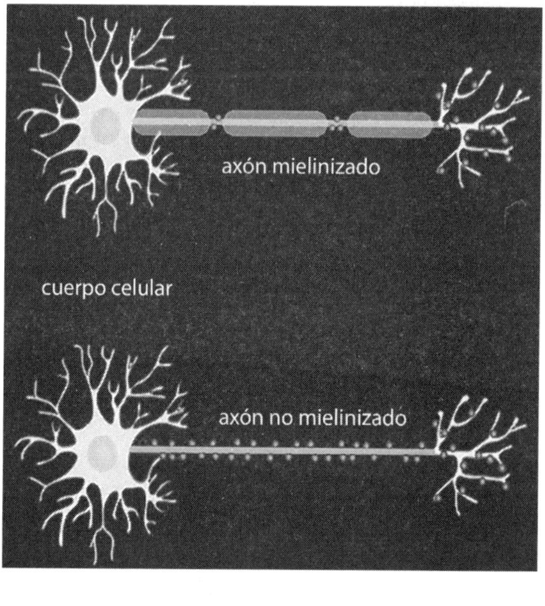

14

SOBRE LA CONSCIENCIA Y SOBRE LAS MENTES

I

Muchas teorías destacadas sobre cómo surge la consciencia llevan implícita la idea de que todos y cada uno de los contenidos presentes en nuestra mente deben participar en la generación de aquella. Básicamente, cada contenido mental obtendría y aportaría su dosis individual de consciencia, de modo que aparezca una mente consciente singular como resultado o suma del estado consciente de sus numerosos componentes.

Mi perspectiva sobre cómo surgió la consciencia no podría ser más dispar. Tal y como lo veo, *la consciencia comienza en el nivel del organismo* —no de contenidos mentales separados— *cuando este toma conocimiento de su propia existencia merced a los sentimientos interoceptivos* que muestra la mente sintiente. Los contenidos de la mente integrada que están ocurriendo en simultáneo en ese organismo particular también se hacen conscientes porque son mostrados en el interior de un organismo hecho consciente por los procesos de su mente sintiente. De hecho, siempre que un organismo vivo genere sus propios sentimientos homeostáticos, todos sus contenidos mentales se harán también conscientes en virtud del lugar *donde* están ocurriendo; se hacen conscientes, literalmente, porque tienen lugar dentro de un organismo que ahora está operando de forma consciente, es decir, conociente.

A mi parecer, pues, lo primero —e indispensable— en la fabricación de la consciencia es la presencia, en cada organismo, de *sentimientos homeostáticos continuos*. Entre estos, los más básicos y consistentes son los *sentimientos de existencia* de los que antes hemos hablado. El conjunto de esos sentimientos hace inevitablemente consciente al respectivo organismo vivo porque identifica una conexión indeleble entre el proceso mental y el cuerpo que lo sustenta. Pero hay un paso adicional y no menos impresionante. A medida que los procesos de la mente integrada se siguen desarrollando, muchos de sus contenidos generan un «comentario emocional» paralelo y prácticamente continuo que refleja la resonancia de los contenidos perceptivos en curso sobre los procesos vitales en curso y también participa en la regulación homeostática. En resumen, los contenidos mentales que se desarrollan generan sentimientos homeostáticos adicionales, que proporcionan instancias adicionales de conciencia porque todos y cada uno de los sentimientos homeostáticos son *espontáneamente conscientes*, es decir, conocidos. En otras palabras, una vez que están presentes los sentimientos de existencia, el estado de conciencia del organismo es inconfundible, pero puede que no sea especialmente rico o intenso. Sin embargo, ese estado de conciencia puede volverse exorbitante cuando muchos contenidos de la mente perceptiva, reflexiva y lingüística provocan todo tipo de sentimientos homeostáticos y, por lo tanto, aumentan la cantidad de eventos espontáneamente conscientes.

En un momento dado, los procesos mentales pueden ser sencillos y centrarse en temas perfectamente casuales, mientras que un momento después pueden ser sumamente complejos, desplegar contenidos numerosos e intrincados y generar una profusión de sentimientos homeostáticos intensos y conscientes.

Lo que planteo es que una mente consciente puede ampliarse o reducirse elásticamente en función de la cantidad de elementos mentales que esté procesando y atendiendo en un momento dado. La mente consciente proporciona a los elementos de su flujo a) un conjunto necesario y continuo de sentimientos de existencia, y también b) abundantes instancias de sentimientos homeostáticos generados por la presencia continua y simultánea de contenidos mentales variados, como objetos, ideas y acciones.[1]

II

¿Cómo se establece la conexión entre el *proceso mental* y el *organismo/cuerpo*? Lo que veo es un truco de una sencillez sobrecogedora. Sobre el vasto lienzo mental que genera continuamente nuestro cerebro, hemos evocado dos conjuntos principales de actividades y sus respectivos productos. El conjunto de actividades A engloba las consecuencias mentales de los procesos que hemos denominado *perceptivo* y *reflexivo/lingüístico*, los componentes clave de la *mente integrada moderna*. Ellos generan *imágenes mentales* que representan el mundo que rodea a cada organismo, y luego son utilizadas por el *proceso de pensamiento* que engendramos como reacción a esas imágenes. La imaginería describe a) todo tipo de criaturas vivientes, b) todo tipo de acciones que implican a esas criaturas, c) todo tipo de objetos y sus relaciones y d) nuestros juicios sobre ellos, en suma, *todas las criaturas y objetos posibles y los hechos e ideas relacionados*.

El otro conjunto de actividades, B, que produce la *mente sintiente*, genera y muestra los *sentimientos que traducen continuamente, en el lenguaje del afecto, el estado corporal actual del organismo*, y que es, en gran medida, una reacción al conjunto de actividades A. El conjunto de actividades B *acompaña continuamente las imágenes del conjunto A como un coro obediente que interpreta la parte que le toca de la partitura orquestal.*

El conjunto A y el conjunto B son generados por regiones/sistemas cerebrales distintos y, por lo tanto, son espacialmente distintos. Lo mismo es decir que *no ocurren en el mismo lugar del sistema nervioso*.

Como ya se ha mencionado, el notable truco de la consciencia consiste básicamente en *solapar* estos dos conjuntos de actividades en el *tiempo*, de modo que *ambos conjuntos no solo se produzcan en el mismo cerebro, sino también a la vez*. No todos los sentimientos del conjunto B pueden haberse generado o no como respuesta al procesamiento de las imágenes mentales generadas en el conjunto A. Aun así, la consecuencia funcional de este solapamiento temporal es que *todas* las imágenes que se exhiben en el lienzo mental singular de cada uno —llamémoslo la *mente a lo grande*— *lo hacen acompañadas de sentimientos.* La consciencia es la consecuencia natural de establecer vínculos firmes e inevitables entre a) imágenes que representan hechos e ideas y b) sentimientos que representan *estados corporales* actuales que se exhiben en el espacio mental del mismo cerebro y del mismo organismo.

Cuando los hechos y las ideas *se solapan* temporalmente con los sentimientos corporales, dentro del mismo organismo, el resultado son las experiencias. Se podría dar la vuelta a la tortilla para ayudar a explicar el mecanismo de este proceso conjunto, diciendo que las imágenes de un momento dado en nuestro proceso de pensamiento *toman prestados* los afectos que están transmitiendo a la vez los sentimientos homeostáticos. En esencia, *la imaginería se hace consciente cuando y porque coincide con un despliegue de sentimientos homeostáticos conscientes y mantiene con ellos un vínculo indeleble.*

Con respecto a la generación de consciencia, no importa si los sentimientos que hacen consciente a una imagen fueron causados o no por una imagen concreta. *Todas* y *cualquiera* de las imágenes se pueden beneficiar del estatus consciente que les confieren los sentimientos homeostáticos. En lo que a la consciencia se refiere, lo fundamental es la presencia simultánea de *sintiencia.*

Es importante destacar que las imágenes mentales que al final se ven «afectadas» por la presencia y solapamiento constante de sentimientos no son solo las que creemos y procesemos en ese momento, sino también otras imágenes que hayamos percibido en el pasado y memorizado, y que podamos recordar ahora, como parte de nuestro proceso de reflexión y pensamiento.

La consciencia consiste en la experiencia de los objetos y acontecimientos e ideas que nuestras imágenes internas, nuevas y previas, están mostrando; esa experiencia, es decir, la consciencia, aparece gracias a la presencia simultánea de sentimientos homeostáticos. En muchas circunstancias típicas, estas experiencias se dan sobre todo con las imágenes visuales y auditivas, que suelen dominar nuestro paisaje imaginario, pero se aplican a todas las imágenes generadas por nuestros dispositivos perceptivos, incluidos los sabores, los olores y los tactos, actuales y recordados. Las experiencias se dan en relación con toda la gama de imágenes posibles.

En última instancia, la consciencia consiste en tomar lo que hubiesen podido ser meros patrones imagéticos, generados por percepciones en curso o por recuerdos almacenados, *y además enriquecerlos con las complejas cualidades de los sentimientos homeostáticos*, generados o no al procesar esos mismos patrones imagéticos. La consecuencia funcional de estos dos procesos en curso y en paralelo es la entrada en escena de una tercera entidad: un *perceptor* o *experimentador continuo*. Resulta que ese perceptor/experimentador es un representante mental natural del cuerpo, el propietario legítimo de la vida que transcurre dentro de cada organismo singular. En la práctica, ese perceptor/experimentador/representante puede asumir de manera responsable otros papeles en el escenario de la mente consciente. Por ejemplo, puede llamarse el *yo* o el *sí mismo*. La mente elevada y el humilde cuerpo vivo están unidos para siempre en una obra teatral llamada consciencia.

III

Es el momento de mencionar algo importante: al igual que yo llevo más de tres décadas reflexionando y escribiendo sobre la conciencia, también lo han hecho varios colegas de renombre. No puedo exponer las ideas de todos los que han intentado esclarecer la biología que subyace a la conciencia, pero sí puedo destacar las propuestas que considero más interesantes.

El tema comenzó a atraer una notable atención en los años ochenta y noventa. Los neurocientíficos de Estados Unidos y Europa comenzaron a proponer explicaciones sobre cómo el cerebro generaría la consciencia, y los filósofos mostraron un renovado interés en debatir el problema. Cuando el filósofo David Chalmers describió de forma memorable «El difícil problema de la consciencia» («The Hard Problem of Consciousness»), se estableció un nuevo campo y el interés no decayó.[2]

A dos colegas del mundo de la neurociencia afectiva, Jaak Panksepp y Bud Craig, les interesaba explicar la consciencia desde el punto de vista fisiológico.[3] Panksepp, en particular, al igual que yo, reconoció la importancia tanto de los sentimientos como de los mecanismos subcorticales. Stanislas Dehaene y Jean Pierre Changeux, por otro lado, desarrollaron una teoría de la conciencia (la Teoría del Espacio de Trabajo Global, o GWT por sus siglas en inglés) centrada en la corteza cerebral y basada en mecanismos cognitivos.[4] Lo mismo puede decirse de Francis Crick y Christof Koch, quienes también enfocaron su abordaje en la corteza cerebral y cuyos mecanismos propuestos eran también puramente cognitivos.[5] Sus opiniones no podrían distar más de la perspectiva que sostengo hoy en día (véanse los comentarios adicionales sobre Crick y Koch en el capítulo 23). Lo mismo ocurre con Gerald Edelman y Giulio Tononi,[6] que también se centraron en el papel de la corteza cerebral y propusieron una explicación puramente cognitiva de la conciencia. Cabe destacar que Tononi desarrollaría más tarde su teoría sobre el origen y el funcionamiento de la conciencia, un trabajo que se conocería como la Teoría de la Información Integrada o IIT.[7]

Nada hacía prever la aparición de otra teoría sobre la conciencia, esta vez procedente no de la biología, sino del mundo de la física. Se trata de la obra de Karl Friston,[8] quien presentó su «hipótesis del código predictivo» como una forma de explicar la percepción, pero luego hizo que dicha hipótesis abarcara el origen de la consciencia. Según su teoría, no es al mundo directamente al que percibimos, sino al contenido de un modelo del mundo que nuestro cerebro ha construido previamente y que esperamos encontrar. La percepción propiamente dicha del mundo solo tiene lugar cuando el cerebro corrige los «errores de predicción» que comete al observar el mundo. Solo después de la corrección adecuada, la percepción se ajusta a la realidad.

El relato de Friston es fascinante y ha suscitado un amplio debate. Incluso ha atraído el apoyo de un colega que, antes de su aparición, estaba totalmente cómodo con mi mecanismo de consciencia basado en los sentimientos: me refiero al psicoanalista y psicólogo Mark Solms.[9] De todos modos, no está nada claro cómo esa consciencia se beneficia de la disposición perceptiva que describe Friston, y hay una diferencia importante entre su teoría y los mecanismos neurobiológicos que utilizo para explicar el surgimiento de la subjetividad y la consciencia hoy en día. En este sentido, mis reticencias no son para nada excepcionales (véase Frank, Gleiser y Thompson, 2025).[10]

Las elaboradas, valiosas e intrigantes explicaciones cognitivas de la conciencia de las que disponemos hoy no logran explicar la naturaleza manifiestamente afectiva de los estados conscientes que experimentamos continuamente. Además, tampoco hay nada que respalde las predicciones derivadas de los mecanismos cognitivos hipotéticos de la IIT y la GWT.[11]

La hipótesis que planteo en este libro brinda una explicación plausible tanto del origen de la consciencia en el necesario y abundante desarrollo de los sentimientos homeostáticos como de la manera como dichos sentimientos pueden generarse en nuestros organismos, gracias a un mecanismo de *amalgamación* que combina fenómenos (a) puramente neurales y (b) corporales no neurales, gracias a la presencia consolidada de un tipo especial de neuronas no mielinizadas o poco mielinizadas en los componentes periféricos y centrales de sistemas nerviosos como el nuestro.

15

LA CONSCIENCIA Y SU PÉRDIDA

I

Si alguien quiere reunir pruebas de que el fenómeno de la consciencia es de origen humilde — es decir, que no comienza en lo alto de la corteza cerebral, sino debajo de ella —, hay que tener en cuenta un hecho contundente e irrefutable: el daño focal a pequeñas partes específicas del tronco encefálico provoca una gran pérdida de consciencia, cierta y contundente. Así es. La parte crítica de la región del tronco encefálico incluye partes de la médula, la protuberancia y los pedúnculos cerebrales. Los daños en estos territorios y, en concreto, en su sector posterior (parte de atrás) provocan una grave pérdida de consciencia, el coma, de la que los pacientes neurológicos pueden recuperarse o no dependiendo de la extensión del daño en este sector cerebral bien delimitado. La especificidad de esta correlación es absoluta. Por ejemplo, un daño en la región inmediatamente anterior (parte delantera) de este territorio del tronco encefálico produce trastornos devastadores del movimiento, pero no afecta en absoluto a la consciencia. Si se profundiza en esta afección, se descubre que el sector del tronco encefálico más asociado a la pérdida de consciencia alberga importantes núcleos neuronales. Estos núcleos participan en la recolección de las señales interoceptivas procedentes de cualquier parte del cuerpo situada por debajo del nivel de la «lesión», es decir, de la región donde se ha registrado el daño focal. Las lesiones situadas por encima o por debajo del nivel crítico provocan muchos síntomas, pero no la pérdida drástica de consciencia que observamos en los pacientes comatosos. Y resulta llamativo que el daño del tronco encefálico provoque disfunción incluso cuando el tejido cerebral respectivo no está totalmente destruido, sino meramente trastocado. El daño a algunos núcleos y la interrupción de la compleja comunicación entre esos núcleos son suficientes para romper su función integrada.

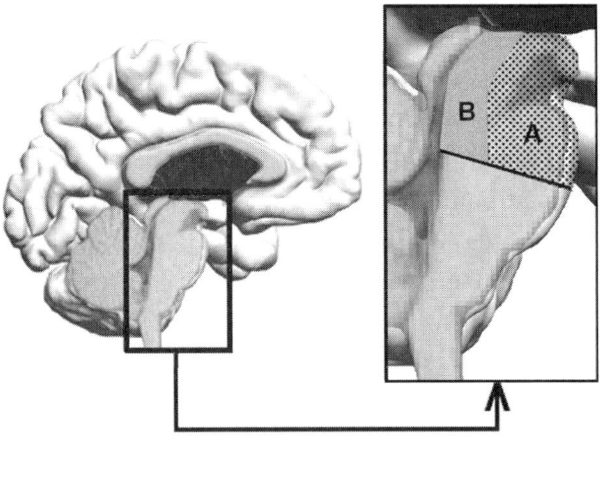

Estas correlaciones constituyen una prueba inestimable en nuestro intento de explicar el fundamento biológico de la consciencia. El daño focal que describimos destruye la posibilidad de mantener representaciones integradas y de alto nivel de la estructura del cuerpo, incluidos ciertos componentes relacionados con las vísceras, como los pulmones y el corazón, ya que guían la respiración y mantienen el latido del corazón y la circulación sanguínea. Un daño importante en esas regiones del sistema nervioso implica básicamente la suspensión del centro de operaciones viscerales vitales y la transferencia literal de esa necesaria centralización a las propias vísceras. Los pacientes afectados por este tipo de daño se quedan privados de la posibilidad de *intercoordinación* visceral, un avance funcional posible gracias a la sofisticada coordinación de los núcleos neuronales relacionados en la sofisticada disposición neural que controla la homeostasis. Se pierde la coordinación y los controles son dejados a su suerte. Esta disposición funcional explica el resultado incierto de tales condiciones que, no pocas veces, incluyen la pérdida de la vida. No es de extrañar, teniendo en cuenta la concentración de núcleos «vitales» en la región superior del tronco encefálico.

II

Los hallazgos que acabamos de describir tienen esencialmente su origen en estudios clásicos de patología humana de la autoría de Fred Plum y Jerome Posner[1] que las modernas investigaciones con neuroimagen de casos de coma no han hecho sino corroborar y ampliar.[2] Los nuevos estudios muestran, con bastante precisión, la ubicación del tronco encefálico y la extensión de las lesiones causantes del coma. Resulta notable que ningún otro foco de daño cerebral muestre un vínculo tan estrecho. Por otra parte, el daño directo a los *loci* del tronco encefálico compromete directamente la integración de la información necesaria para la consciencia básica.

En algunos casos de coma, es posible que la pérdida de consciencia no sea total e incluso sea compatible con algún grado de actividad mental, como sugieren ciertas reacciones a ordenes orales.

Cuando se les pide a algunos pacientes comatosos que muevan las manos, por ejemplo, *no* ejecutan la orden y, sin embargo, muestran, en las evaluaciones de imagen funcional, *patrones de actividad cerebral comparables a los que pueden observarse en sujetos normales y despiertos que sí ejecutan el movimiento solicitado*. Al parecer, estos pacientes tienen más probabilidades de despertar del estado comatoso.

III

En definitiva, la grave pérdida de consciencia que encontramos en los casos de coma y en los llamados «estados vegetativos» no se observa en una trágica afección neurológica conocida como «síndrome de enclaustramiento». Ese síndrome es literalmente lo inverso del coma. A raíz de un daño en la parte superior del tronco encefálico, pero confinado a su *sector más anterior* —que es donde las vías motrices se abren camino hacia los controles del habla y de los movimientos de brazos y piernas—, los pacientes quedan casi totalmente inmovilizados e incapaces de hablar o gesticular. En muchos casos, solo les queda una posibilidad de movimiento, la de parpadear de manera intencionada, y comunicarse así con el equivalente de un extenuante código morse. Esta posibilidad es consecuencia de una peculiar característica anatómica: el control de nuestros movimientos oculares se encuentra en la parte *posterior* del tronco encefálico, en una región que no resulta *exenta del daño* producido por las lesiones típicas que destruyen las vías motrices descendentes. Esta es la única forma que tienen los sujetos de sortear la inmensa traba que les impide expresar sus pensamientos. Resulta humanamente inquietante estudiar a estos pacientes, dada la crueldad de la situación y los limitados recursos que se pueden reunir para ofrecerles consuelo. Sobre todo cuando nos damos cuenta de que los daños presentes en estos pacientes *no* reducen su capacidad de aprehender la situación ni, por tanto, el sufrimiento que les supone.

IV

Los niños anencefálicos presentan otro contraste notable con los casos de coma. En términos esquemáticos, los niños anencefálicos ofrecen, fisiológicamente hablando, la otra cara tanto del coma como del síndrome de enclaustramiento. En estos niños se conservan el tronco encefálico, los colículos y el diencéfalo, pero falta la mayor parte o la totalidad del manto de la corteza cerebral, lo que impide su desarrollo.[3]

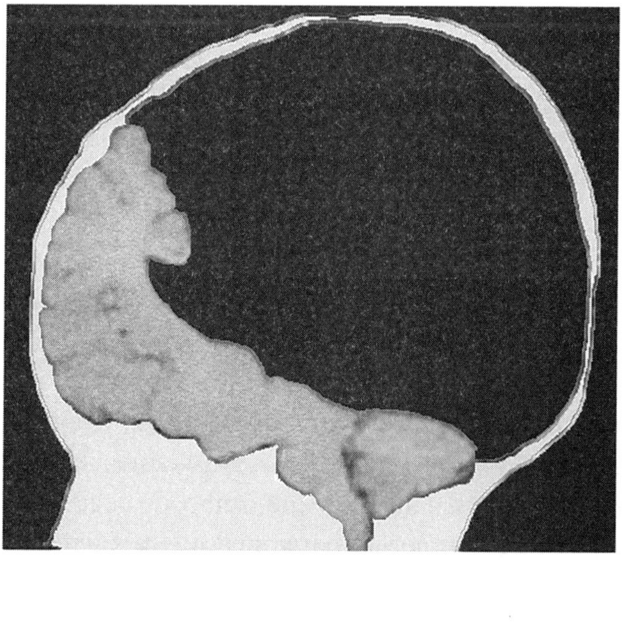

Huelga decir que las consecuencias siguen siendo trágicas. Algunos de estos niños conectan humanamente con el observador, pueden sonreír y gesticular adecuadamente e incluso establecer de manera espontánea una relación con sus cuidadores. Sus comportamientos demuestran, una vez más, la clara disparidad entre los logros propiciados por las estructuras subcorticales y por la corteza cerebral. En su caso, las estructuras subcorticales hacen viable un procesamiento afectivo mínimo y fabrican sentimientos homeostáticos que generan cierto grado de consciencia. Por otra parte, el extenso daño cortical impide cualquier complemento mental significativo al afecto conservado. El procesamiento *perceptivo*, muy limitado, lo proporcionan en gran medida núcleos subcorticales visuales y auditivos ubicados en regiones como los colículos. Pero es simple y llanamente imposible amplificar el proceso perceptivo debido a la total ausencia de las cortezas exteroceptivas. Lo mismo ocurre con los procesos de *pensamiento/reflexión* que habrían sido apoyados por las operaciones en el «modo por defecto». Por supuesto, también brillan por su ausencia las cortezas cerebrales que habrían permitido los procesos del lenguaje.

V

Si tuviera que hacer una lista de las pruebas neurobiológicas más contundentes a favor o en contra de cualquier teoría específica sobre cómo surge la consciencia, la encabezarían sin duda los hallazgos que acabo de revisar, y estoy seguro de que también lo haría cualquiera que conozca la neurobiología y la neurofisiología. Y, sin embargo, los estudios sobre la consciencia que mencionan estos hallazgos inmensamente ricos y decisivos no se invocan tan a menudo. Es difícil entender por qué. Las lesiones focales del sistema nervioso en humanos se conocen como «experimentos de la naturaleza» porque la «producción» del daño la controlan los procesos neurobiológicos de la enfermedad, no los científicos. Eso no lo cuestiona nadie. La naturaleza y sus patologías se encargan de las lesiones y nosotros, los neurocientíficos, solo podemos intervenir *cuando el daño ya está hecho*. Pero para entonces, a menudo podemos investigar, con las técnicas más avanzadas, situaciones idóneas para dar respuesta a grandes cuestiones que nos ocupan como investigadores. La única razón de cierto olvido de la riqueza de los datos decisivos que proporciona la lesión cerebral es la impaciencia de los investigadores o el desconocimiento de las condiciones en las que puede operar el método de lesión moderno.[4]

VI

Hay formas más sencillas de perder el conocimiento que sufrir el tipo de lesiones que producen el coma, ¡y quedarse dormido es sin duda la que hay que adoptar! Ocurre de forma natural, en circunstancias perfectamente normales, cuando llega la parte nocturna del ciclo día-noche. El cansancio, el alcohol o los somníferos pueden acelerar su aparición, lo que significa que tenemos cierto control sobre el proceso. Una vez que se inicia el sueño, se pierde la consciencia, o eso parece, siempre que los sueños no se unan a la fiesta y nos devuelvan algo de consciencia, por si las moscas.

Sobre el sueño, con o sin sueños y con o sin la compañía de Sigmund Freud, Carl Jung o Mark Solms, no tengo nada que decir.[5] Lo que sí hay que añadir es que la anestesia es otra forma de perder la consciencia, a ser posible bajo la dirección profesional de un anestesista. En efecto, la anestesia es otro tipo de experimento controlado que demuestra a la perfección nuestro argumento: cuando se suspende la posibilidad de tener sentimientos homeostáticos, no importa por qué mecanismo, también se suspende la consciencia. Ahora bien, queremos que los cirujanos hagan lo que tienen que hacer para salvarnos la vida y necesitamos que lo hagan *sin que tengamos que sufrir los dolores respectivos*. Y lo cierto es que el dolor y muchos otros sentimientos homeostáticos desaparecen prodigiosamente bajo los efectos de la anestesia, con lo que la conexión entre la consciencia y los sentimientos homeostáticos se vuelve clara como el agua.

16

SOBRE LA TEMPERATURA CORPORAL Y LA RESPIRACIÓN

Antes he llamado la atención sobre el vínculo sorprendentemente estrecho que existe entre la temperatura corporal y la consciencia. Permíteme ahondar en este asunto. La regulación de la temperatura corporal es uno de los aspectos más importantes y sofisticados de nuestra homeostasis, aunque no le hagamos mucho caso. La prueba de su importancia es muy fácil de demostrar: cuando entramos en una habitación en la que el aire acondicionado ha funcionado a todo trapo, temblamos de frío y protestamos; cuando salimos sin pensar y nos encontramos un día de bochorno, nos echamos hacia atrás, molestos; y cuando tenemos una gripe y, febriles y pesarosos, nos quejamos de escalofríos, el médico nos da un antipirético para bajar nuestra temperatura corporal.

Estos y otros sentimientos relacionados con la temperatura corporal resultan familiares e inconfundibles, pero reflexionar sobre la facilidad con la que esos sentimientos se materializan nos hace constatar algo en que muchos de nosotros apenas nos habíamos fijado: la temperatura corporal se mantiene tan rigurosamente dentro de un estrecho rango de valores que una mínima desviación, hacia arriba o hacia abajo, produce las señales de alarma tan conscientes que acabo de describir. Y entonces es cuando nos percatamos de la *realidad* de una temperatura corporal *básica*, en torno a esos fieles y aburridos 37 °C/98,5 °F desde que hay memoria; y solo entonces nos damos cuenta de que, mira tú por dónde, hay todo un cuerpo caliente que nos mantiene enteros, y podemos *sentir* su presencia si tan solo estamos lo bastante tranquilos como para prestar atención. Estos sentimientos sutiles son una parte central de lo que antes he llamado *sentimientos de existencia*; en el momento en el que cambiamos nuestra tranquila y bien asentada rutina nos enteramos de que han estado esperando diligentes *en la retaguardia*, listos para rescatarnos en un apuro, haciéndonos notar su presencia.

Los ejemplos anteriores ilustran a las claras la tolerancia mínima que tenemos a cualquier variación significativa de nuestra temperatura corporal, tanto si se debe a algún factor del entorno o del interior de nuestro organismo. La temperatura corporal es crucial para el mantenimiento de la homeostasis, a tal punto que las desviaciones potencialmente perjudiciales son rápidamente detectadas y anunciadas por sentimientos homeostáticos conscientes para que se puedan corregir. Esta curiosa situación puede explicarse por los siguientes hechos:

1. En los seres humanos y otros mamíferos, la conservación de la vida requiere una temperatura corporal estable en torno a los 37 °C. Cualquier desviación hacia un valor superior o inferior, por mínima que sea, es rápidamente detectada y señalada gracias a nuestra capacidad sintiente. El proceso es tan plenamente consciente que permite que el sujeto piense de manera deliberada en ello antes de adoptar un comportamiento correctivo. La naturaleza no confió en los procesos automáticos y no conscientes para ajustar por sí solos un parámetro tan sensible como la tem-

peratura corporal, así que pasó la pelota al terreno consciente, al menos en parte.

2. El sistema responsable de la detección de las desviaciones de la temperatura corporal ya ha sido identificado. Se encuentra en la zona preóptica del hipotálamo, en el cerebro, y se llama área preóptica del hipotálamo (POA por sus iniciales en inglés).

Las neuronas de la POA reciben información relativa a la temperatura corporal recogida por sensores neurales distribuidos por casi todo el cuerpo, desde la piel hasta el interior de las vísceras. Los canales iónicos específicos de la población de neuronas hipotalámicas se encargan de detectar las desviaciones de temperatura que se les señalan y de actuar para contrarrestarlas sin demora. Por ejemplo, un canal iónico conocido como TRPM2, de la familia de los canales iónicos TRP, se ocupa de limitar las respuestas febriles para evitar la fiebre extremadamente alta. Así lo demostraron Jan Siemens y su grupo, en Heidelberg, en Alemania,[1] y también lo investigaron Elena Gracheva y Sviatoslav Bagriantsev, en Yale, en Estados Unidos.[2]

La temperatura central y su esmerada regulación son una de las principales muestras del proceso vital. Los correspondientes sentimientos de fondo nos ayudan, de forma sutil, a detectar y localizar en general la presencia y el fundamento de la vida. Los sentimientos homeostáticos relacionados con la regulación de la temperatura —que incluyen la fiebre y los escalofríos— son manifiestamente conscientes y nos ayudan a localizar y definir nuestro organismo vivo, la entidad consciente central a la que pertenecemos y que otros sentimientos homeostáticos, relativos a los sistemas respiratorio y circulatorio, amplifican a la vez que detallan.

Es curioso, pero no sorprendente, que la anestesia general, que constituye el experimento controlado por excelencia en el que interviene la consciencia, reduzca el umbral de regulación de la temperatura corporal en estado de vigilia de unos 37 °C a 34,5 °C, como ha demostrado el anestesiólogo Daniel Sessler. En ese camino de descenso de la temperatura corporal, el anestésico suspende la consciencia, y además nos ahorra el sentimiento correspondiente. Esto tiene una doble ventaja: ni nos quejamos del frío ni protestamos a grito pelado mientras el cirujano hace su labor.

Para que la vida continúe, la respiración no es menos importante que una temperatura corporal estrictamente regulada. Cuando se estrechan las vías respiratorias por asma o por una infección grave, la vida corre peligro. Y cuando las obstruye el estrangulador de medianoche de Hollywood, llega la asfixia y adiós muy buenas. La respiración, al igual que una temperatura corporal estable o un corazón en forma, bombeando sangre, es imprescindible para la continuación de la vida. Tanto es así que esas tres operaciones —mantenimiento de la temperatura corporal, respiración y circulación sanguínea— están protegidas por un conjunto de sentimientos homeostáticos perfectamente conscientes que activan al instante las defensas respectivas a los primeros signos de problemas. Estos tres sistemas de alarma funcionan desde el comienzo de la vida hasta su fin y hacen todo lo posible por alertar al sujeto vivo de riesgos y daños inminentes. ¿Cómo lo consiguen? El dolor y otras formas de malestar y sufrimiento profundos son sus herramientas. Lo mismo es decir que los organismos vivos complejos, como nosotros, nacen equipados con dispositivos biológicos destinados a proteger el don de la vida contra los principales peligros. Además, las protecciones esenciales y más sensibles recaen en las tres áreas clave en las que un fallo fisiológico considerable equivale a la muerte. Enseguida veremos que el hambre, la sed y el dolor funcionan con arreglo a los mismos principios. Sus perturbaciones subyacentes también son anunciadas por sentimientos conscientes, pero con un pequeño y tolerante retraso que, de algún modo, las hace parecer menos teatrales. Algún generoso ayudante de dramaturgia debió de pedirle al creador que les diera un poco de margen, y así lo hizo.

Lo que quiero resaltar es que la muerte natural, el truncamiento radical de la vida, está bien custodiada por nada menos que la consciencia, que se presenta con su armadura de sentimientos homeostáticos. A cualquiera que piense que el don de la consciencia llegó tarde a la evolución y lo dictaron unos complejos procesos cognitivos, le recomiendo que reflexione sobre los humildes y antiquísimos fenómenos de la temperatura corporal, la respiración y la circulación sanguínea, y sobre cómo los respectivos sentimientos conscientes han protegido las operaciones de la vida a lo largo de los eones de evolución biológica. Es inevitable llegar a la conclusión de que la consciencia llegó más pronto que tarde, y lo hizo pisando fuerte. Hizo que la vida, tal y como la conocemos ahora, fuera viable y robusta.

17

SOBRE EL HAMBRE Y LA SED

El famoso tenor Luciano Pavarotti cuidaba en extremo su portentosa voz, y no era lo único que cuidaba, como demuestra su confesión: «Una de las cosas más bonitas de la vida es la forma en que debemos dejar regularmente lo que sea que estemos haciendo y dedicar nuestra atención a comer». Nadie debería dudar de su sinceridad.

¿Cómo aparece el hambre? Por fin tenemos las respuestas a esta pregunta, y desde luego el proceso no es nada sencillo. He aquí algunos de los principales mecanismos. El hambre y su opuesto —la saciedad— están estrechamente relacionados con la cantidad de grasa almacenada en las células adiposas. A lo largo de un día, cuando la cantidad de grasa disminuye dentro de esas células, se produce el correspondiente descenso en la secreción de la hormona leptina y, en consecuencia, también disminuyen los niveles de esta en el flujo sanguíneo. A su vez, la reducción del nivel de leptina en la sangre activa un grupo particular de neuronas situadas en la base del hipotálamo y conocidas como proteínas relacionadas con el agutí o AgPR, por sus iniciales en inglés. Una vez que desciende el nivel de leptina en sangre, la activación de las neuronas AgPR se desarrolla durante cerca de un minuto y tiene varias consecuencias, siendo la más importante la producción de un sentimiento homeostático que todos conocemos: el *hambre*. He aquí, caro lector, uno de los principales mecanismos desencadenantes del hambre. Otra hormona capaz de generar hambre es la grelina, producida por el estómago.

Como ocurre con otros sentimientos homeostáticos, el hambre es *espontáneamente consciente*. El hambre nos habla alto y claro para que obtengamos comida tan pronto como sea viable. Curiosamente, además del sentimiento muy consciente y efectivo de hambre, también se despliegan una serie de estrategias no conscientes, destinadas a ahorrar energía mientras se apoya el sentimiento de hambre, que incluyen una reducción no tan sutil de la actividad general para ahorrar la energía remanente, y quizá valiosa, en las reservas de grasa. En general, uno tiende a ser menos activo cuando tiene hambre.

Otra estrategia no consciente consiste en reducir la producción de calor corporal, lo que se conoce como termogénesis, que es otra forma complementaria de ahorro de energía. Uno tiende a sentir frío cuando tiene hambre, por si alguien aún no se había dado cuenta.

Todos estos simpáticos complementos de nuestras acciones conscientemente dirigidas son un indicio sugerente de cómo funcionaba la vida antes de que la consciencia formara parte del repertorio de los organismos vivos, es decir, antes de los sentimientos homeostáticos. Nuestros antepasados no conscientes gestionaban la vida lo mejor que podían, pero desde luego de una forma menos eficiente que la nuestra, desde que la consciencia entró en escena. Muchos de esos antepasados no conscientes lo pagaron con su vida, pero su pérdida resultó ser nuestra ganancia.

Cuando las reservas de grasa se estabilizan o se incrementan, aumenta la leptina en el flujo sanguíneo y se activa otro grupo de neuronas hipotalámicas. La consecuencia directa de su actividad es un aumento del consumo de energía y la correspondiente pérdida de peso.

Ya habrás adivinado, caro lector, que opera un mecanismo semejante en el caso de la sed. El agua potable no es menos necesaria para la vida que el oxígeno y los alimentos, y todo lo que se necesita para proporcionar agua a un organismo vivo es tenerla y beberla. Pero también es cierto que resulta más fácil llevar un caballo al agua que hacer que beba. Lo que significa que la naturaleza necesitaba un medio fiable para seducir —y obligar, si hace falta— a los organismos vivos a beber agua. Para eso sirve el sentimiento homeostático llamado sed, que aparece cuando el organismo necesita hidratarse.[1]

Importa señalar la sutileza que caracteriza a los comportamientos relacionados con el comer y el beber. Nuestro organismo no provoca *directamente* ninguna de estas dos conductas. En su lugar, desencadena el *hambre* o la *sed*, ambos sentimientos vívidamente conscientes, ambos procesos de afecto, ambos dominados por cualidades particulares —algunas, de urgencia; otras, de desagrado— cuya intensidad aumenta cuanto más se retrasa la corrección requerida. Obviamente, tales sentimientos se encargan de promover comportamientos correctivos.

La sed suele comenzar cuando la concentración sanguínea de sodio (Na+) aumenta hasta superar un nivel seguro, o cuando el volumen de líquidos extracelulares disminuye peligrosamente haciendo aumentar la osmolalidad. Como es lógico, no somos conscientes del aumento del Na+ ni de la disminución del líquido extracelular (LEC), pero nuestro sistema nervioso sí se da cuenta cuando se alcanzan niveles peligrosos de Na+ o LEC y responde provocando sed. Ahora bien, la sed, un sentimiento homeostático espontáneamente consciente, transmite de forma natural al ámbito mental una recomendación simple e inequívoca: beber, beber ahora, beber tanto cuanto sea necesario. Si no se hace caso de la recomendación, el sentimiento de sequedad se vuelve más intenso y puede convertirse en una orden desagradable. Bebe ¡o te vas a enterar!

La detección de un aumento de la concentración de Na+ que provoca sed se transmite primero al sistema nervioso central mediante señales aferentes que se desplazan por el nervio vago y se proyectan a importantes núcleos del tronco encefálico: el núcleo del tracto solitario (NTS) y el núcleo parabraquial (PBN).

La sed también puede ser inducida por hipovolemia, una reducción del volumen de sangre circulante. La hipovolemia es el resultado de una reducción de la cantidad media de líquidos que circulan por la sangre. Los puntos cerebrales determinantes para detectar la hipovolemia e inducir la sed son el núcleo preóptico medio (MnPO), el órgano vascular de la lámina terminal (OVLT) y el órgano subfornical (SFO). Estos núcleos del sistema nervioso están situados en la parte superior del tronco encefálico y en la región hipotalámica. Sabemos que su activación en animales de experimentación induce la ingesta de agua, una indicación verosímil de que tenían sed y que esos puntos hicieron su trabajo. Todas estas regiones cerebrales se proyectan a la corteza insular (CI) y a la corteza cingulada anterior (ACC), que, en ciertas circunstancias, también pueden provocar el sentimiento de sed. Nuestra experiencia personal con pacientes con daños graves en la corteza insular nos ayuda en este sentido. Uno de ellos, nuestro famoso paciente B, podía beber grandes cantidades de agua y nunca manifestaba saciedad. Padecía una gravísima desregulación del mecanismo de la sed. (El paciente B es un conocido paciente que, a raíz de un daño severo de los lóbulos cerebrales, sufrió una grave amnesia.)[2]

Reflexionar sobre estos mecanismos centrales de regulación de la vida nos da pistas importantes sobre la naturaleza y el funcionamiento de la consciencia. La continuación de la vida depende de la respuesta a los estados homeostáticos más esenciales que, junto con sentimientos como la fiebre y la asfixia, incluyen el hambre y la sed, todos ellos procesos muy capaces de salvar la vida. No es difícil imaginar el papel que tales sentimientos, esenciales para la supervivencia, podría haber desempeñado en el desarrollo de la propia consciencia. Lo desagradable de tales sentimientos habría impulsado respuestas evolutivas rápidas y eficaces al desequilibrio. En la evolución de este proceso cabría esperar que un conjunto de señales químicas hubiera operado primero por debajo del nivel de consciencia y contribuido a respuestas no conscientes para salvar la vida. Sin embargo, la eficacia de las señales no conscientes no puede compararse con el nivel mucho más alto de eficacia que brindan las respuestas mediadas por la consciencia, es decir, por el conocimiento explícito, cargado de afecto. La evolución habría favorecido la adopción de mecanismos conscientes, es decir, los sentimientos homeostáticos. El desarrollo de sentimientos homeostáticos espontáneamente conscientes trajo consigo una promesa de resultados eficaces y, como tal, triunfó.

Esta sería una explicación satisfactoria para la aparición de sentimientos homeostáticos espontáneamente conscientes. Los sentimientos «tenían que ser conscientes» para poder operar de un modo que promoviera la vida. Y para que así fuera, la fiebre, la asfixia, el hambre y la sed tenían que estar animadas por un conocimiento explícito. En efecto, la consciencia tenía que ser *intrínseca* a cada uno de esos procesos de sentimientos para que pudieran alcanzar sus objetivos de salvar la vida.

La consciencia no es algo que un «productor central» tome prestado en ocasiones como en las que uno tiene sed o hambre, ni creo que alguna vez lo haya sido. Esta es una de las razones por las que proponemos que la consciencia se inicia realmente con el proceso de los sentimientos homeostáticos y no en algún otro sector funcional de un organismo complejo y neuralmente equipado. La necesaria continuidad de la regulación de la vida exige la continua fabricación de consciencia mediante el complejo proceso de los sentimientos homeostáticos, una línea crítica de defensa en el proceso de la vida. También creemos, desde luego, que los procesos de la *mente* que son continuamente informados por la exterocepción y por la reflexión cognitiva en realidad «toman prestada» la consciencia de los sentimientos homeostáticos que las operaciones de la *mente sintiente* generan en abundancia. Nuestros procesos mentales/cognitivos no necesitan trabajar para hacer conscientes sus propios contenidos. Pueden limitarse a hacer uso de la abundante consciencia que la interocepción y los respectivos sentimientos homeostáticos producen de manera simultánea e inexorable. Los sentimientos homeostáticos están preparados para proporcionar a la exterocepción las últimas consecuencias de la interocepción: un hogar y un dueño.

18

SOBRE EL DOLOR Y LA NÁUSEA

I

La mayoría de los sentimientos homeostáticos son defensivos, en el sentido preventivo de la palabra, y nos alertan de un daño posible o probable. Son los casos del hambre, la sed y el malestar. Pero el dolor, un sentimiento homeostático de primer orden, va más allá: anuncia que el daño ya ha llegado y nos avisa de que tengamos cuidado porque puede venir algo peor.

Las heridas en la piel y las lesiones de huesos no tardan en llamar al dolor para proteger nuestra integridad. Sin duda, por esa razón la naturaleza humana también consideró oportuno instituir estados análogos al dolor cuando ya se han producido o parecen inminentes *otros tipos* de daños graves no corporales. El daño mental que nos acecha cuando nos privan de nuestros seres queridos es uno de ellos, o cuando corremos el riesgo de perder su amor. El dolor como resultado de un daño mental es un uso de lo más curioso e inteligente de la maquinaria diseñada para proteger nuestros cuerpos en situaciones en las que los cuerpos no se han visto mínimamente afectados. La *mente integrada* ha identificado las pérdidas psicológicas probables y ha anticipado la probabilidad de malestar físico e incluso de daño físico permanente. El hecho de que se haya llegado a un acuerdo fisiológico tan amplio es la prueba cabal de cuán hondo llega la inteligencia natural y del alcance de la regulación homeostática esencial. También es un pretexto para recordar un hecho singular: los complejos procesos mentales y sociales forman parte del amplio contexto de la gobernanza homeostática esencial y están lo suficientemente cerca de su núcleo como para influir en la integridad del cuerpo, aunque no exista un riesgo físico perceptible. Mucho antes de los neurobiólogos, los poetas comprendieron que es lícito describir en términos fisiológicos las cumbres de la pasión o el sufrimiento por un amor perdido o no correspondido, aunque, si entramos en los matices, lo fisiológico no es exactamente lo mismo.[1]

Hoy día contamos con una comprensión muy razonable de la maquinaria del dolor físico. La lesión de tejido cutáneo, mucosas o fibras musculares provoca la liberación de diversas moléculas en el tejido dañado, la más conocida de las cuales tal vez sea la sustancia P, pero es solo una parte de la compleja respuesta química a la lesión física. El proceso comienza convocando una inflamación local. Como consecuencia, las prostaglandinas, la histamina y la ATP dilatan los vasos sanguíneos y activan la sensibilidad de las terminaciones nerviosas. Estas respuestas no pretenden en absoluto reducir el dolor, sino más bien *curar* la herida produciendo inflamación, un objetivo que en realidad provoca un aumento del dolor. Del proceso de reducción del dolor, que *sigue* a la inflamación, se encargan los opioides endógenos, como las endorfinas.

Contrarrestar el tipo de dolor asociado a problemas psicológicos y a pérdidas psicológicas reales no es posible en absoluto con analgésicos clásicos u otra medicación para el dolor, pero se puede aliviar eficazmente con otro tipo de sustancias, desde el alcohol hasta los narcóticos. Por desgracia, aunque esas soluciones extraordinariamente eficaces para el problema central del dolor pueden funcionar bien a corto plazo, con el tiempo pueden causar graves daños adicionales en forma de adicciones. También dañan las estructuras físicas responsables de la homeostasis y perjudican a otros órganos y sistemas de la economía corporal. No sorprende, de hecho, que el sistema nervioso sea uno de los primeros objetivos de estos daños colaterales.

II

Las náuseas son, a fin de cuentas, una variante del dolor. Es otro sistema de alerta, que se desarrolló en un primer momento para prevenir daños relacionados con la ingestión de moléculas tóxicas presentes en los alimentos. Muchas especies de plantas, sus semillas y una serie de pequeños seres vivos, crudos o cocinados, suponen un peligro real e inequívoco, y en caso de intoxicación, las náuseas y los vómitos son el primer tratamiento.

Las náuseas son un dispositivo eficaz de regulación homeostática. Una consecuencia de esta sencilla eficacia es la forma elaborada y selectiva como el cerebro de los mamíferos maneja la respuesta de las náuseas. Nuestros sistemas nerviosos centrales están protegidos frente a la acción tóxica de muchos elementos extraños por la barrera natural que crean las membranas meníngeas. Es lo que se conoce como barrera hematoencefálica (o BBB). La BBB envuelve la mayor parte del sistema nervioso central en un envoltorio meníngeo protector, pero algunas zonas más pequeñas del cerebro, sobre todo en la región del tronco encefálico, pueden quedar «desprotegidas». Son literalmente pequeñas ventanas abiertas, y esto se observa en particular en una región llamada *área postrema*. El resultado de esta «fenestración» es que una molécula venenosa que se desplace por el flujo sanguíneo puede entrar en contacto directo y libre con la superficie cerebral e inducir el vómito. El resultado es altamente beneficioso, ya que permite proteger a todo el organismo de una intoxicación importante.

III

Rehuí escribir este capítulo hasta el último momento de la preparación del manuscrito. La razón es bastante obvia. No quería nada con el dolor y eso incluía *pensar* en él. Procrastiné y procrastiné, y el manuscrito se quedó con este capítulo pendiente hasta que por fin me vi obligado a hacer algo al respecto tras someterme a una cirugía dental para colocar un implante. Cuando unas agujas diminutas me perforaron agresivamente para administrarme anestésicos —y ahorrarme un dolor todavía más intenso—, supe que tenía que escribir sobre ello.

El dolor es algo que hay que evitar como sea. Y, sin embargo, desde las agujas anestésicas o la bancarrota hasta perder lo que más quieres, el dolor hace girar el mundo, casi tanto como el amor y el dinero.

III

AHORA QUE YA SABEMOS

19

LA SINTIENCIA DE LAS PLANTAS Y DE LOS ÁRBOLES

I

Hubo un tiempo en que me parecían muy injustos todo el placer y los bienes tangibles que nos proporcionan los árboles y otras plantas: la belleza de sus hojas y flores, sus perfumes, su sombra que nos protege del sol del mediodía, el alimento que nos dan y la madera con la que construimos casas, fabricamos muebles y encendemos nuestras chimeneas. ¿Y a cambio de qué?, pensaba. Llevan una vida aburrida, atrapada para siempre en un mismo lugar, sin poder desplazarse y encontrar un lugar mejor o conocer a sus semejantes.

Hoy sé que no debería haberme preocupado por la sencilla razón de que lo más probable es que no exista nada de mental detrás de su hermoso verdor, ni aburrimiento ni excitación, ni felicidad ni tristeza, ni mente de la que hablar, ni consciencia alguna. Las plantas y los árboles *no saben que existen*, ni tampoco que existimos nosotros, ni les importa, del modo que sea.[1]

Sí, están vivas y pueden marchitarse o florecer, pero no saben si están floreciendo o marchitándose. Lo más importante es que *perciben* una serie de estímulos a su alrededor: la temperatura, el viento, la humedad del aire y el agua del suelo. Perciben las fuentes de luz y giran sutilmente en la dirección adecuada. Pero por eso mismo la palabra que utilizo aquí es *percibir* y no *sentir*, ya que, a diferencia de la palabra *sentir*, *percibir* no conduce a la sintiencia ni a la consciencia plena. Cuando leemos u oímos decir que «las plantas son sintientes», el mal uso del término *sintiencia* se debe a un malentendido generalizado en cuanto al significado de términos como *percibir*, *sintiencia* y *consciencia*.[2]

Sintiencia es un antiguo y peculiar sinónimo de consciencia. En nuestra perspectiva, la sintiencia se refiere a la capacidad del organismo sintiente de *sentir* y, por consiguiente, de *vivir o experimentar* su estado de vida específico. La sensación y la experiencia son obviamente *subjetivas*, lo que significa que solo están disponibles para el organismo *viviente*, singular, que las experimenta. Los observadores pueden conjeturar sobre si un organismo es consciente o no con base en indicios indirectos externos. La forma en que un organismo *atiende* a un estímulo volviéndose hacia él o la forma en que *interrumpe* lo que está haciendo en respuesta a aquel suelen ser pistas valiosas. Como neurólogos, utilizamos esta información cuando se nos pide que evaluemos el estado de consciencia de un paciente. Podemos hacer conjeturas basadas en esos signos externos, pero nunca podemos *observar* de forma directa en el paciente el contenido de su sintiencia/consciencia.

Por otro lado, *percibir/detectar* es un proceso mucho menos elaborado que la sintiencia/consciencia. Está omnipresente en la naturaleza y es, con toda probabilidad, precursor y soporte de lo que más tarde se convirtió en sintiencia y consciencia plena. En otras palabras, la presencia de sintiencia/consciencia en un organismo vivo significa que lo más probable es que la sintiencia haya estado presente durante un largo periodo evolutivo y también lo esté ahora; pero la presencia de sintiencia no indica que el organismo en cuestión sea sintiente/consciente. Existen una precedencia y una jerarquía fisiológicas que no se pueden pasar por alto. No se deduce que un organismo que «siente/detecta» un estímulo particular pueda también «sentir y experimentar» lo que sea. Ahora bien, sabemos que las plantas y los árboles no poseen estructuras u operaciones capaces de fabricar sentimientos y, por tanto, de habilitar experiencias. Si las poseyeran, tendrían que basarse, probablemente, en unos sistemas nerviosos ¡que a todas luces no poseen!

Creo que la mayoría de los seres vivos de la Tierra, incluidas las plantas, funcionan al nivel básico de *percibir/detectar*, sin *experimentar* nada mínimamente relacionado con tales procesos. Por otro lado, las criaturas sintientes, conscientes, van más allá de la percepción: llegan a *sentir* —y, por tanto, a *experimentar*— algo relacionado con el proceso que tiene lugar en el interior de sus propios organismos vivos. Este paso adicional no es un mero capricho. Por el contrario, es una operación práctica y útil que permite al organismo sensible/consciente responder —o no— *en función de cuán significativo sea el estímulo para su propio bienestar*. Permite al organismo obrar de una manera *específica* y abre al organismo sintiente la posibilidad de comportarse de forma *deliberada*. Tales comportamientos deliberados son posibles en los humanos, por supuesto, y también, supongo, en muchas especies dotadas de sistemas nerviosos y sintientes. Veo probable que todos los mamíferos, aves, reptiles y peces sean sintientes/conscientes hasta cierto punto, y me atrevería a decir que también lo son muchos invertebrados, como algunos insectos.

Los científicos comprometidos con la idea de que las plantas tienen mente nos remiten a la llamada «neurobiología vegetal».[3] El término es problemático al no existir ninguna estructura «neural» en las plantas, pero quienes lo utilizan invocan el hecho de que las plantas pueden presentar potenciales de acción. Los potenciales de acción de las plantas pueden parecerse a los de los animales —que se despolarizan, repolarizan e hiperpolarizan—, pero los potenciales de reposo de las plantas son diferentes y también lo son las velocidades de su propagación.

Es posible que parte de la capacidad perceptiva de las plantas se deba a su sistema vascular, a través del cual se transmiten mensajes químicos. Así es como resulta de lo más plausible que el daño causado a una hoja por un accidente o un depredador se «comunique» a otras partes del árbol propiciando ajustes homeostáticamente beneficiosos. También es probable que active el mecanismo de control subyacente al crecimiento de raíces y hojas.

Más intrigante es el hecho de que las plantas respondan a los anestésicos generales suspendiendo algunos de sus procesos de gestión de la vida como ocurre, por ejemplo, con los movimientos defensivos de los pétalos de plantas como la venus atrapamoscas (*Dionæa muscipula*) y la *Mimosa pudica*. Estos hechos son realmente fascinantes, pero han llevado a una conclusión abusiva: dado que los anestésicos generales provocan en los seres humanos una pérdida radical de la capacidad perceptiva que entraña la pérdida inevitable de la sensibilidad y de la consciencia, la respuesta a los anestésicos generales en el caso de las plantas se interpretaría forzosamente como una pérdida de consciencia y, por tanto, sugeriría la presencia de consciencia real en las plantas.[4] Esta conclusión no está en absoluto justificada. Los anestésicos generales provocan, además, una alteración radical de la percepción/detección. Si la especie en cuestión también fuera consciente, entonces ese nivel adicional de procesamiento también se habría interrumpido, al depender de un proceso «plataforma» que es la percepción. En otras palabras, una vez eliminado el soporte que proporciona la percepción, las etapas funcionales más complejas que dependen de ella también deberían colapsarse, como sucede con los humanos, cómo no. Sin embargo, no podemos concluir que una especie sea sintiente basándonos en el mero hecho de que la sintiencia no esté presente después de que los anestésicos generales hayan bloqueado el proceso más básico, jerárquicamente hablando, de la percepción. La supresión de la percepción en las plantas no nos dice nada, de por sí, sobre la existencia o no de un nivel superior de función que presumiblemente se basaría en ella.

Los mismos autores también insisten en la «neurosemblanza» de plantas y animales al señalar que las moléculas utilizadas por los sistemas nerviosos de los animales pueden encontrarse en las plantas. Son ejemplos de ellas la acetilcolina, la dopamina, la histamina, la noradrenalina, la serotonina y el GABA. Pero quede claro que nada en el mundo de las plantas se parece a un sistema nervioso, aunque sea simple, con componentes centrales y periféricos, neuronas y circuitos de varios tipos, ganglios y núcleos y, sobre todo, relaciones definibles entre un componente neural y el resto del organismo, en particular el interior no neural del organismo. El hecho de que esas moléculas estén presentes en organismos con sistemas nerviosos no permite inferir de su presencia en cualquier otro organismo que este también posea sistemas nerviosos.

La situación de los organismos con sistema nervioso es notablemente diferente de la de las plantas. Se puede hacer una clara distinción entre el interior no neural del organismo y el sistema nervioso que se encuentra en medio de ese interior no neural. Como hemos propuesto, la posibilidad de sintiencia/consciencia surge de *una interacción entre el interior no neural de un organismo y el sistema nervioso situado en ese interior*. La interacción genera sentimientos del proceso vital y esos *sentimientos* —homeostáticos— propician *experiencias* que a su vez conectan los acontecimientos que ocurren en torno al organismo con este.

Es preferible reservar los términos críticos *sintiencia* y *consciencia* para los organismos en los que los sentimientos y las experiencias son contrastables o altamente probables; y también para aquellos en los que la presencia obvia de un sistema nervioso hace que las relaciones descritas con anterioridad no solo sean posibles, sino probables.

Estaría bien saber que los árboles que veo desde mi estudio son conscientes del tiempo, del sol y de la niebla, de la lluvia que cae de vez en cuando y de los vientos que pueden cambiar su aspecto de una manera tan radical. Sería interesante descubrir que los dos pinos de azúcar que he visto crecer durante veinte años —hasta alcanzar una altura de más de 45 metros— experimentan los tormentosos vientos de Santa Ana en California que los pueden doblegar en un arco flexible que pende hacia el suelo. Por desgracia, creo que nunca sabrán dónde están ni lo que sucede. Aun así, espero que *perciban* el tiempo que hace en Santa Ana y se adapten a él de un modo que afirme su temprana y pura forma de homeostasis, que aún desconoce el poder de los sentimientos y de la consciencia.

II

Deberíamos terminar nuestros comentarios sobre plantas y árboles con un apunte positivo.

Podemos decir que una función no reconocida de las plantas y los árboles es recordarnos una importante realidad evolutiva: la *vida* y los *organismos vivos complejos* aparecieron en la evolución antes de que existieran *los sistemas nerviosos, las mentes, los sentimientos y la consciencia*. Las plantas y los árboles nos brindan valiosas y abrumadoras pruebas de este extraordinario precedente histórico. Al fin y al cabo, hubo intermediarios entre los inicios de la vida y la que hoy conocemos.

UNA HISTORIA DE LA VIDA

Protocélulas o protobiontes		4.000 millones de años
Primera célula *sin* núcleo (procariota, como las bacterias)		3.800 millones de años
Fotosíntesis		3.500 mil millones de años
Primera célula *con* núcleo (eucariota)		2.000 millones de años
Primer organismo multicelular		700-600 millones de años
Primeras células neurales		500 millones de años
Plantas		500 millones de años
Peces		500 millones de años
Mamíferos	*sentimientos homeostáticos*	200 millones de años
Primates	*subjetividad*	75 millones de años
Aves		60 millones de años
Homínidos	*consciencia*	14-12 millones de años
Homo sapiens		300.000 años

20

¿LA CONSCIENCIA EXISTE EN LAS BACTERIAS?

Ahora que el lector ya sabe que no concedo privilegios de consciencia —y aún menos mentales— a las plantas, es fácil adivinar lo que pienso de si la consciencia existe o no en las bacterias.

Puede que las bacterias sean muy pequeñas, pero son un gran ejemplo de la acción de la inteligencia natural. Por desgracia, el tipo de inteligencia que poseen también se ha descrito como «cognitivo», «mental», o ambas cosas, y es entonces cuando debemos ser especialmente cautos y claros en cuanto a lo que supone emplear estos términos.

No tengo ningún problema con la idea de que, en las muchas circunstancias en las que las bacterias actúan en pro de la continuación de su vida, tales comportamientos puedan calificarse de «inteligentes». También puedo aceptar, con alguna reserva, que los llamen «cognitivos», porque, en un sentido muy amplio, las operaciones en las que se apoyan tienen algo que ver con un «fondo de conocimiento». Ese conocimiento se pone de manifiesto cuando, por ejemplo, una parte del organismo bacteriano detecta señales que indican que otra parte de su organismo está fallando y peligra, y cuando enseguida se genera una respuesta adecuada, elegida de entre un repertorio de posibles respuestas «de reserva», con vistas a producir un resultado favorable y salvar la situación. No cabe duda de que se trata de un comportamiento «inteligente», desde la perspectiva de la vida de ese organismo, y en gran medida «cognitivo», en la acepción a la que he aludido antes. Aun así, debemos tener presentes los límites de estos términos analizando los siguientes hechos. En el caso de la bacteria, la elección de una «buena respuesta» entre un repertorio existente se realiza *de forma velada, automática, a ciegas*. ¿Qué significa esto? Significa, por ejemplo, que la selección no la hace una «entidad consciente» y «conocedora»; significa que no existe un «repertorio abiertamente representado», ni un «despliegue de imágenes» ni una representación de las varias alternativas entre las que una «entidad consciente» mítica podría haber seleccionado una buena respuesta en lugar de una mala. También quiere decir, muy en concreto, que, en ausencia de un sistema nervioso, no hay un menú «visualizable», no existe un conjunto de representaciones «mentales» o «imagéticas» entre las que se pueda elegir una buena respuesta. No hay *mente* ni *proceso mental* en esta cadena de acontecimientos. Una vez más, referirnos al proceso en su conjunto como «inteligente» o incluso «cognitivo» es aceptable, pero utilizar el término *mental* es ir demasiado lejos y lo único que hace es enturbiar las aguas.

Quizá aún más importante que negar la presencia de un *aspecto mental* en los procesos anteriores es negar que exista *consciencia* en cualquiera de ellos, pues, como ya se ha señalado, el organismo en cuestión, la bacteria, *no representa explícitamente* las posibles respuestas como *buenas o malas*, o *mejores o peores*, *para el organismo respectivo*. Para concretar más todavía, las respuestas *no son sentidas ni son vivenciadas, experimentadas*. Todo el proceso ocurre de forma velada, en el sentido de que está *realmente oculto al tipo de exploración que una mente como la nuestra habría hecho posible*. Detrás de este complejo proceso no existe ningún «sujeto». No es un proceso subjetivo, ni consciente ni mental. Se rige por las circunstancias.

En conclusión, el proceso regulador que opera en la bacteria está literalmente oculto desde la perspectiva que le habría podido brindar un proceso mental convencional propiamente dicho. Las características fisiológicas necesarias para generar una mente y una consciencia no están presentes. Aun así, podemos admitir que el proceso es inteligente, en el sentido de que extrae de forma encubierta indicaciones útiles sobre lo que es o no conveniente para sostener la vida de un pequeño organismo, a saber, mantener viva a la bacteria unas horas más.

Esta aclaración es esencial para despejar posibles dudas sobre lo que tratamos de explicar. Queremos comprender los mecanismos subyacentes a *operaciones mentales complejas y conscientes* como la nuestra. Para ello necesitamos proceder a una búsqueda entre los probables precursores de tales capacidades, tal y como han ido surgiendo de manera gradual en la evolución dentro de las muchas especies que nos precedieron. En definitiva, todos esos procesos, simples y no tan simples, tienen que ver con lo que es la vida, en primer lugar, y con su gobierno. Tienen que ver, literalmente, con los procesos que Darwin, Schrödinger y Watson y Crick nos desvelaron. Pero las operaciones mentales y eventualmente conscientes van unos pasos más allá en la saga biológica que tan notables caballeros desvelaron.

Al pensar en el tipo de sentimientos homeostáticas que nosotros mismos tenemos, contemplamos un complejo ensamblaje de señales procedentes de varios sectores de un cuerpo vivo y transmitidas por vías interoceptivas. ¿Dónde se concentran, desde dónde se despliegan? La respuesta: en núcleos del tronco encefálico y, con el tiempo, en las cortezas cerebrales de las regiones insulares. Hicieron falta eones de tiempo evolutivo para construir el mecanismo de los sentimientos homeostáticos que, en última instancia, llevan al resto de la mente los mensajes de alerta espontáneamente conscientes que, a su vez, dan a esa mente la oportunidad de responder a las advertencias contenidas en los mensajes.

Ante estas señales tan elaboradas, los humanos podemos decidir hacerles caso o pasarlas por alto. Desde luego, para nosotros supone una ventaja la libertad de decidir *si respondemos* y *cuándo*. Las bacterias, en cambio, no tienen esa libertad. Por lo que veo, hacen lo que les ordenan sus membranas, inteligentes pero sencillas y con instrucciones homeostáticas. En vez de tener una mente decisiva y consciente, esas membranas son simples dispositivos necesarios para que la vida bacteriana siga adelante. En resumen, la naturaleza necesitó tiempo y espacio evolutivos para *fraguar la consciencia*, es decir, para inventar un medio de actuar *con conocimiento de causa* en nombre de sus propios organismos, en aras de la continuación de la vida. Sin embargo, para cuando se inventaron las bacterias, la naturaleza solo contaba con una especie de piloto automático para hacer funcionar la vida, sin que ni ella misma ni ningún organismo lo supieran. Aún no se vislumbraba la consciencia.

21

LO SOCIAL DESDE LA PERSPECTIVA DE LA HOMEOSTASIS

I

Los asuntos sociales, económicos, políticos y religiosos no se pueden separar de la realidad de la regulación homeostática. Al contrario, estos asuntos públicos están vinculados de principio a fin con las condiciones necesarias para que los seres humanos conserven la vida. Esto no suele resultar evidente de buenas a primeras, y conviene fijarnos en los motivos del velo que oculta este hecho crucial. En pocas palabras, las posiciones reales que los seres humanos ocupan en una sociedad, lo que se les paga por el trabajo que hacen, los hechos que guían sus preferencias políticas y el formato en el que puedan profesar algún tipo de fe atraen toda la atención e inspiran la mayoría de los relatos que tratan de lo que son los humanos y lo que quieren en relación con el universo que los rodea. Las batallas que los humanos tienen que librar y ganar en su día a día reciben una amplia cobertura que, además, está justificada. Sin embargo, cubierto por el velo de los asuntos sociales, económicos, políticos y religiosos, se encuentra el proceso vital real de los individuos humanos en lucha, con sus imperiosas demandas: el aire que debe entrar y salir de sus pulmones, la temperatura y el estado de ese aire, la sangre que debe circular por todo el cuerpo, el hambre, la sed, las infecciones que hay que combatir, por no hablar de los impulsos reproductivos y de todos los planes que les son afines. Esta realidad biológica no disminuye en absoluto la importancia de los fenómenos sociales en sí, ni tampoco la necesidad de investigarlos, lo cual es competencia de la sociología, la economía y la ciencia política. Pero la amplitud y la complejidad del universo biológico en el que se basan las sociedades humanas son ciertamente asombrosas. Nos obligan a darnos cuenta de que la homeostasis, junto con sus demandas y reglas de funcionamiento, es un discreto poder en la sombra que dirige los acontecimientos que tienen lugar bajo los procesos socioeconómicos, políticos y religiosos en los que se insertan nuestras vidas individuales.

Tal y como las veo, las estructuras sociales y su organización se parecen de algún modo a proyecciones ampliadas del sistema de regulación homeostática a grandes rasgos, proyecciones de los órganos y sistemas y procesos que forman parte de la fisiología de seres vivos individuales como nosotros. Esto es evidente si nos fijamos en los detalles de operaciones sociales básicas. Tomemos como ejemplos la producción, comercialización y marketing de la comida y la bebida; las respectivas políticas económicas; o las políticas específicas, y las implicaciones legales que esas actividades conllevan.

En el día a día, la historia ha separado estos fenómenos sociales de la cuestión de la vida y la homeostasis, y ha convertido esta separación en algo aceptable. Pero la realidad biológica tiende a echar por tierra tales intentos y a intervenir tarde o temprano. Debes asumir que la vida de las sociedades se construye a partir de muchas vidas individuales.

No olvidemos que, para dar a los fenómenos sociales

la oportunidad de ser independientes de la vida y la homeostasis, ¡ni siquiera he mencionado la medicina o la asistencia sanitaria! Lo justo es lo justo.

II

Las experiencias religiosas, ¿tienen alguna repercusión en la regulación de la vida? ¿Existe un vínculo entre la homeostasis y los estados mentales que calificamos de espirituales? En un primer abordaje, la respuesta a estas preguntas es decididamente afirmativa. Si estoy tan seguro es por las consecuencias de varios tipos de experiencias religiosas y también por los probables fundamentos de las ideas y prácticas religiosas.

Sugiero que uno de los motivos por los que han surgido los impulsos religiosos fue un intento racionalmente inspirado de compensar a) la estrechez y el egoísmo de nuestra preocupación como seres humanos por regular de una manera eficaz nuestra vida personal, y b) el anteponer esa preocupación a todo lo demás. También sugiero que el impulso religioso se asienta en última instancia en un proceso homeostático en el que ciertas ideas y comportamientos, como el preocuparse por los demás en lugar de hacerlo solo por uno mismo, refinan y mejoran la homeostasis de los respectivos sujetos y producen recompensas tangibles. En resumen, nuestra *homeostasis individual* aumentaría como recompensa por *un conjunto de comportamientos destinados a aumentar la homeostasis de los demás*.

Desarrollar sistemas de pensamiento y sociabilidad favorables a actitudes que podemos describir como amables y cariñosas hacia los demás y que desprecian los beneficios personales inmediatos ilustra una aplicación directa de la inteligencia natural al ámbito social.

Es posible que ese logro esté relacionado con la creación de sistemas y doctrinas religiosas, la mayoría de las cuales, de una forma u otra, se inspiraron en experiencias que aumentaban el bienestar de sus disciplinados, coherentes y abnegados practicantes. A medida que las operaciones mentales convencionales limitaban el enfoque y reducían su amplitud cognitiva, el componente *afectivo* del proceso ganó territorio mental y empezaron a producirse experiencias *espirituales*.

En los sistemas religiosos que cultivan la meditación, los procesos mentales convencionales propician estados de profundo bienestar sensibles al bien del universo y de aquellos que lo habitan, en una mezcla de felicidad personal y amor al prójimo. Tal vez sea más apropiado caracterizar estos estados como *numinosos*, un término que además congenia con la noción de *satori*. Los estados *satori* son ejemplos de sentimientos homeostáticos puros durante los cuales las representaciones perceptivas, reflexivas y lingüísticas desaparecen de la mente casi por completo. A medida que desaparecen los procesos mentales convencionales, crece, en su lugar, una inmensa y exorbitante oleada de sentimiento. Se presume que este es un camino supremamente eficaz para la homeostasis individual.

22

INTELIGENCIA ARTIFICIAL

I

El hecho de que la inteligencia natural inventara la artificial suele obviarse en el intento de analizar y explicar el engendro que es la IA. Pero vale la pena tenerlo en cuenta cuando tratamos de entender cómo se relacionan y diferencian los dos «tipos» de inteligencia, la natural y la artificial.

La inteligencia natural da cuenta de la asombrosa capacidad que hay detrás de nuestra regulación homeostática, de los sentimientos y la consciencia que apoyan la homeostasis, y de las capacidades perceptivas, reflexivas, lingüísticas, integradoras y asombrosamente creativas que los humanos tenemos a nuestra disposición. Lo que somos y hacemos como humanos procede en gran medida de lo que ha hecho la inteligencia natural a lo largo de eones de evolución biológica y cultural. En cuanto a la IA, no es solo una de las creaciones más inquietantes de la inteligencia natural, sino que además se ha convertido, para bien y para mal, en una de las más significativas.

La historia de la IA empezó como una producción de Cecil B. DeMille y ha crecido sin freno ni control hasta imponer su presencia en nuestra vida cotidiana, en muchas de nuestras actividades habituales y, cada vez de forma más ininterrumpida, en muchos de los objetos y procedimientos con los que entramos en contacto para gobernar casi todos los aspectos de nuestra vida personal y profesional. Si hay alguna razón para no preocuparse por esta presencia tan presente, es que, al fin y al cabo, la IA salió de nuestros lomos cerebrales. Por desgracia, también hay buenas razones para preocuparse, y no tienen tanto que ver con los procedimientos y dispositivos de IA en sí como con el hecho de que, de momento, aún requieren la supervisión humana. Los humanos pueden ser malos y, bajo la dirección de humanos malos, la IA se puede volver ominosa. Geoffrey Hinton, uno de los geniales inventores de la IA, no se imagina cómo «evitar que los malos actores hagan un mal uso [de la IA] para cosas malas» y debería saberlo.[1] No menos alarmante, algunos dispositivos de IA que ya no requieren supervisión humana le deben su relativa autonomía a una horda de malos instructores humanos. Por último, y sin duda aún más alarmante, se da el caso de que dispositivos de IA en apariencia buenos y decentes pueden *desviarse* de sus intenciones en apariencia neutrales y volverse rebeldes contra quienes los crearon o son sus propietarios.

¿Hay alguna esperanza en medio de este espectáculo casi épico convertido en comedia de horrores? Eso espero, pero no quisiera inducir a error y sugerir que el futuro será de color rosa. El futuro solo será bueno si estamos en el presente con la suficiente lucidez para ser firmes en cuanto al funcionamiento de la IA y a los sistemas en los que se apoya, ahora y posiblemente en los próximos años.

Para que nuestra perspectiva quede clara, es importante recordar la distinción crítica que tenemos ante nosotros: *las mentes biológicas son naturales, por oposición a las artificiales*, y su rasgo más definitorio tiene que ver con su razón de ser. Las mentes biológicas se desarrollaron dentro de organismos complejos y fueron adoptadas en la historia de la evolución porque servían eficazmente a un propósito de la mayor trascendencia: *contribuir al proceso vital de los respectivos organismos vivos y, una vez dotados de consciencia, hacer posible la continuación de esa vida*. En cambio, *las mentes artificiales no tienen que preocuparse por su vida porque no la tienen. Como no poseen nada, no tienen nada que perder*.

Villanos aparte, la IA es un repertorio cada vez más tentacular de dispositivos inventados por la inteligencia natural humana, y puede ser muy útil para los humanos: acelerar la ejecución de tareas, reducir los costes de muchas empresas y entretener a quienes se contentan con poco. Sin embargo, como ya se ha notado, no hay garantías de que las herramientas de IA sigan siendo dóciles sirvientes en manos de sus propietarios humanos. La posibilidad de que se independicen, aunque sea de manera momentánea, es sin duda un motivo de preocupación. ¿Hasta qué punto? Eso depende del diseño del dispositivo de IA, de su función y alcance habituales, y también de a quién se pida que valore el riesgo.

II

Una forma en la que se podría evitar una independencia potencialmente peligrosa de los dispositivos de IA estriba en la idea de dotarlos de características fundamentales para la vida real, a diferencia del artificio. Me refiero a la *vulnerabilidad*, un rasgo definitorio de la vida real que se expresa poderosamente mediante sentimientos homeostáticos en todas las criaturas naturales dotadas de sistemas nerviosos. Una vez presente, la vulnerabilidad se convertiría en una fuente de «autopreocupación» para el dispositivo de IA. Promovería una forma de precaución artificial que podría inhibir los comportamientos de riesgo de la misma manera que la vulnerabilidad natural ha promovido el desarrollo de los sistemas morales y la justicia en los seres humanos. La idea es tentadora y hay buenas razones para esperar resultados de gran valor. Este esfuerzo supondría introducir, en los dispositivos de IA, características y modos de funcionamiento semejantes a los dispositivos biológicos que subyacen a la *mente sintiente*. En lugar de los rápidos procesos *digitales* que caracterizan a la IA actual, incluirían procesos *analógicos* similares a los del sistema nervioso autónomo. El futuro de estos avances es incierto, pero estamos dando literalmente los primeros pasos en la exploración de esta vía de investigación.[2]

III

La mayoría de las noticias recientes en el mundo de la IA se refieren a una herramienta desarrollada en primer lugar por OpenAI, conocida como ChatGPT, de la que ahora existen varias versiones actualizadas y competidores en el mercado, como Gemini, Claude y DeepSeek. Se basan en los llamados modelos extensos de lenguaje, o LLM por sus siglas en inglés, y lo que hacen es realmente impactante.

ChatGPT es la consecuencia de haber absorbido y seguir absorbiendo todo tipo de textos escritos disponibles en la web, incluyendo novelas enteras, cartas, informes científicos y técnicos, conversaciones, lo que sea, acaparando un corpus de más de un millón de billones de palabras que sigue en aumento, incrustadas en frases perfectamente congruentes, tal y como se pueden consultar en internet. Que a los autores de las obras no se les pidiera permiso para este uso ni se les pagaran derechos de autor parece no importar un pepino.

En resumen, se entrenó a los LLM a partir de este colosal corpus literario. Hoy en día, cuando introducimos en ChatGPT la instrucción de que produzca un texto o una respuesta a una pregunta sobre cualquier tema concreto que haya sido tratado en esas astronómicas fuentes originales, generará un «texto nuevo» que se ajustará, con mayor o menor exactitud, a los hechos y juicios descritos y comentados en las fuentes originales. Esta aparente treta de prestidigitación es el resultado de aplicar algoritmos de modificación a los textos originales, los llamados «algoritmos transformadores». Fijémonos en que esto se parece en varios aspectos a lo que hacemos los humanos en nuestro propio cerebro, en las cortezas del lenguaje y la memoria de nuestros hemisferios cerebrales, cuyo conjunto contiene: 1) el repositorio de los hechos, significados y palabras con los que hemos entrado en contacto y aprendido a lo largo de nuestras experiencias vitales, y 2) nuestros «algoritmos transformadores» naturales, responsables de ensamblar frases que se ajusten a los hechos y narraciones ensamblados en 1).

Cuando nos preguntan sobre un tema concreto, nosotros también utilizamos «programas neuronales computacionales» para generar una historia que incluye a) un escenario, b) acciones, c) protagonistas y d) algunos posibles resultados, relacionados con la petición. Es otra forma de decir que los humanos ponemos a trabajar nuestra imaginación e inventamos una historia cuando nos preguntan sobre un tema concreto. Esto ocurre todo el tiempo cuando estamos despiertos y con ganas de contar historias, e incluso cuando estamos dormidos y soñando, aunque, cuando soñamos, tendemos a crear situaciones y protagonistas estrambóticos que van de lo cómico a lo terrorífico. Esto significa, en definitiva, que los dispositivos LLM han imitado los temas típicos, los tipos de personajes, las situaciones y, lo que es más importante, las relaciones que significan las a) estructuras sintácticas, b) palabras gramaticales y c) organización de frases y párrafos humanos. Nótese que la primacía de la inteligencia natural y de sus productos permanece intacta en el corazón de la más publicitada de todas las herramientas de IA. Pero nótese también que los dispositivos ChatGPT no utilizan *precisamente* los mismos procedimientos que nosotros para lograr sus resultados. Creo que los transformadores utilizados en los LLM acaban generando algunos equivalentes a lo que generan nuestros dispositivos naturales y, sin embargo, algunos de los procedimientos son, al menos en parte, distintos. Esos procedimientos son originales y muy ingeniosos, incluso cuando sus objetivos se inspiran en lo que los humanos hacemos desde que tenemos uso de razón. Pero que nadie se engañe: los LLM son un logro técnico excepcional; para mí, el logro más espectacular de la IA hasta la fecha.

Quizá el mayor problema al que nos enfrentamos con las herramientas LLM es que se las empieza a tratar como si fueran humanos cuando está claro que no lo son. Se basan en información recabada de humanos, buenos y malos, sin tener ninguna brújula moral capaz de decirles que se atengan a los buenos ejemplos humanos y no a los malos. En resumen, no son humanos y tampoco son necesariamente éticos o no éticos. Por el momento, siguen los caprichos del azar. Pueden parecer simpáticos y respetuosos con la ley, o convertirse en avatares de la terrorífica Tríada Oscura: Maquiavélico, Narcisista y Psicópata.[3]

Para algunos usuarios, ChatGPT parece tener sentimientos y ser consciente, pero esos «sentimientos» y esa «consciencia» son eso mismo: apariencias y nada más. Sin embargo, esas «apariencias» me sugieren una posibilidad nada desdeñable: que mientras las especies biológicas complejas pasaron siglos evolucionando dispositivos biológicos para regular la vida, y unos siglos más para convertir esa regulación homeostática en las capacidades intelectuales y creativas que tenemos hoy los humanos, ChatGPT se saltó todos esos pasos de la evolución biológica y se hizo directamente con las capacidades intelectuales que tiene hoy... ¡sin morir en el intento!

A ChatGPT no le hacen falta sentimientos homeostáticos ni la consciencia resultante para impresionarnos con sus trucos. Funciona perfectamente *solo con el intelecto.* Otra forma de captar esta idea es decir que es puramente *digital* y prescinde de componentes *analógicos.* ChatGPT dispone de suficientes conocimientos y formas de manipularlos como para no necesitar trucos anticuados como los sentimientos y la consciencia. Al fin y al cabo, no tiene una vida que administrar y de la que preocuparse.

El éxito de la familia de instrumentos LLM es rotundo. Hace poco, en una cena de gala con algunos abogados de renombre, me enteré de que ahora utilizan ChatGPT en sus bufetes, *todos los días*, como mínimo para ayudarlos en la investigación, pero también para elaborar borradores de las cartas que escriben a sus clientes. Dado que ChatGPT puede conversar, resulta un poco escalofriante oírlo, pero como el mundo ya está al borde del precipicio, qué más da. Y lo más desconcertante es que muchas de las cartas que suelo recibir de jóvenes científicos, en las que me preguntan por algo concreto, empiezan ahora con una nueva frase introductoria: «De hecho, ChatGPT me ha aconsejado que me ponga en contacto con usted y le haga esta pregunta». En resumen, ¡los estudiantes y los colegas de investigación hacen lo que les aconseja ChatGPT! No cabe duda de que los tiempos están cambiando y, en una medida que soy incapaz de prever con exactitud, más nos vale aceptarlo.

Los expertos y los empresarios de la IA suelen decir muy alegremente que la inteligencia artificial general (IAG) «producirá todo lo que el cerebro humano es capaz de producir». Planteada en estos términos, sin matices, esta idea me parece errónea y engañosa porque, como hemos visto, la mayoría de los procesos mentales humanos creativos y complejos no son generados solo por el cerebro, sino más bien por *una colaboración entre el cerebro y estructuras corporales no neurales*. La vida y la necesidad de regularla en el interior de un cuerpo son, en primer lugar, las causas evolutivas de la aparición de los cerebros. Los cerebros por sí solos no pueden generar sentimientos porque *el contenido de los sentimientos lo fabrican los procesos vitales dentro del cuerpo de un organismo biológico*. Además, la idea de que solo el cerebro tiene la clave de los procesos mentales se basa en la noción de que los circuitos de neuronas son responsables por sí solos de la producción de esos procesos mentales. Craso error: los procesos mentales también dependen de la fisiología corporal y del funcionamiento de componentes cerebrales no neuronales, como las células gliales. A nivel de textos, probablemente sea correcto decir que la AGI puede crear mucho —pero no necesariamente todo— de lo que pueden crear los cerebros humanos. Dependiendo de cómo se mire, es una buena noticia, ya que el carácter distintivo de la creatividad humana seguiría siendo inigualable. Pero esta pequeña victoria no nos dice nada de los riesgos de que los dispositivos de IA desarrollen comportamientos autónomos y poco amistosos basados en las capacidades que ya tienen. El mal puede ser muy inteligente y no hay que invitarlo a mostrar de lo que es capaz.

IV

Cuesta imaginar que las inteligencias naturales y artificiales lleguen a confundirse alguna vez, siendo tan notorias las diferencias entre sus orígenes y formas de operar. Sin embargo, por si quedara alguna duda, la *velocidad* puede poner de manifiesto las diferencias. Resulta que el flujo de información en los cerebros humanos es bastante lento —una media de solo unos 10 bits por segundo— en comparación con la velocidad del flujo de información en los dispositivos artificiales. Ahora bien, esto no es motivo para sentirnos inferiores y mucho menos humillados. Las máquinas artificiales jamás podrán contar con las maravillas inteligentes propias del mundo de los sentimientos en el caso de la inteligencia natural. Los sentimientos ordenan las cosas por nosotros, nos ahorran lo accesorio y el exceso de detalles y nos acercan a donde necesitamos estar para seguir vivos y dar sentido al mundo.

23

ELOGIO DE ANCESTROS, COMPAÑEROS Y SUCESORES

La idea de celebrar y alabar a los antepasados notables no es mía, sino de un mentor y amigo británico, Macdonald Critchley (1900-1997). Tan solo sigo su ejemplo.

Mi interés por los méritos de la inteligencia natural y los enigmas de la consciencia viene de lejos y se lo debo sin duda a mi profesor de Filosofía en el Liceo Passos Manuel, un instituto público de Lisboa, quien en sus brillantes lecciones solía hablar de la consciencia y cuestiones afines. Se llamaba Joel Serrão (1919-2008) e imagínese el lector cuán afortunado me siento si le digo que, durante cinco años, de los doce a los diecisiete, recibí clases de este brillante joven pensador y orador antes de que se convirtiera en un destacado catedrático de Filosofía e Historia en la Universidad de Lisboa. Aparte de la biología, nada me interesó tanto, en aquellos siete años de liceo, como las clases de filosofía de Joel Serrão. Lo que recuerdo más nítidamente, además del placer de un estímulo intelectual continuo, era la sensación de que los misterios de la mente humana podían abordarse y tal vez incluso resolverse mediante el estudio concienzudo de la vida, en general, y del sistema nervioso, en particular. Muchos años después, mi temprana experiencia con Joel Serrão me despejó el camino hacia las lecturas sobre filosofía de la consciencia. Los libros de Daniel

Dennett, John Searle, David Chalmers, Ned Block, Thomas Nagel o Patricia Churchland[1] no me resultaron esotéricos, sino más bien accesibles.

Otro momento decisivo en mi relación con las cuestiones de la vida y la consciencia, que recuerdo como si fuera ayer, llegaría décadas más tarde, cuando fui profesor invitado en el Instituto Salk, en La Jolla, en California, a principios de los años ochenta. Yo estaba fascinado por Francis Crick (1916-2004) —que se había trasladado al Salk en ese momento de su carrera— al igual que Hanna. Tuvimos la suerte de que despertaran su interés los estudios que en aquel entonces realizábamos Hanna y yo sobre las consecuencias de las lesiones cerebrales en la mente y el comportamiento. En aquella época, a Francis solo le interesaban el cerebro y, sobre todo, la consciencia. No hablábamos de otra cosa e incluso cuando nos reuníamos con él y con su entrañable Odile (Odile Crick, 1920-2007) para cenar no cambiábamos de tema, cerebro y consciencia, como casi siempre cuando quedábamos con Jonas Salk (1914-1995) y Françoise Gilot (1921-2023). Hacíamos vida social y la disfrutábamos, sin duda, ¡pero siempre alrededor de la investigación sobre la mente y el cerebro!

En su obsesión por la consciencia, Francis contaba con un estrecho colaborador —Christof Koch, un joven investigador de CalTech—, y ambos habían decidido escribir un artículo sobre la neurociencia de la consciencia. Ese detonante de lo que literalmente se convirtió en un nuevo campo de estudio —la neurociencia de la consciencia— lo publicaron Crick y Koch[2] en la revista científica *Seminars in Neuroscience*, de la que yo era editor, y lo gracioso es que los ayudé a editar su texto. Estábamos en el año 1990.

Fue una época apasionante por varios motivos. La exquisita arquitectura del Instituto Salk —obra de Louis Kahn en colaboración con el propio Jonas Salk— creaba un entorno humano particularmente inspirador al que sumaban las habituales reuniones a la hora del té que Francis había instituido a su llegada. La presencia de Jonas Salk, Ursula Bellugi (1931-2022), Terry Sejnowski y otros científicos destacados, junto con las visitas de eminencias científicas, creaba la sensación extremadamente inusual de que todo era posible. Ningún misterio de la biología quedaría sin explicar, o eso creíamos. La visita de David Hubel (1926-2013), el extraordinario explorador de los misterios de la visión, fue un acontecimiento memorable que fortaleció aún más la confianza en que ningún aspecto de la función cerebral quedaría indemne ante nuestra embestida. Y, sin embargo, al volver la vista atrás, a pesar de la osadía y la amplitud de su perspectiva, el trabajo inaugural sobre la consciencia no aportó la solución que esperábamos. Francis valoraba el enorme avance que el estudio del sistema visual había supuesto para la neurociencia y albergaba el deseo de realizar un estudio de la consciencia que igualara los esfuerzos y los espectaculares resultados de la investigación sobre la visión. Pero, en cierta medida, los comienzos reales de la consciencia resultaron ser bastante humildes, menos sublimes pero no menos perspicaces de lo que Francis tenía en mente, y fue así como escaparon a su visión de altos vuelos.

La perspectiva de Crick sobre los estudios de la consciencia no era precisamente excepcional. La ciencia de la consciencia ha favorecido, en general, una visión cognitiva del fenómeno. Sin embargo, una serie de pensadores a los que respeto mucho han tenido el valor de mantenerse más cerca de los afectos de bajo vuelo, entre ellos los neurocientíficos A. D. Craig y Kent Berridge, el psiquiatra Mark Solms, el neuropsicólogo Manos Tsakiris y la filósofa Helena de Preester.[3] Sus enfoques individuales son distintos, pero a todos nos une el respeto por el mundo de los afectos y por la idea de que los fenómenos en los que de forma más determinante se basa la consciencia empiezan a producirse en el cuerpo y en regiones subcorticales del sistema nervioso central, más que en la archifamosa corteza cerebral.

Debo precisar, además, que el origen de algunos de los más importantes descubrimientos sobre las bases neurales de la consciencia fue una serie de estudios tempranos, previos a la temporada en la que la consciencia se puso de moda. Esos estudios los iniciaron Fred Plum y Jerome Posner en los años sesenta.[4] Ellos lograron investigar dónde se localiza el daño cerebral que provoca situaciones de coma, estado vegetativo y síndrome de enclaustramiento. Las conclusiones a las que llegaron son incontestables y se han reproducido en varias ocasiones. Constituyen uno de los hitos cruciales en el estudio de la consciencia. Revelan, sin la menor duda, las partes del cerebro sin las cuales la consciencia simplemente no es posible. Nuestro primer grupo de investigación de la Universidad de Iowa tuvo la suerte de replicar muchos de sus hallazgos y ampliar la explicación del proceso a la corteza misma.

Este resulta ser el momento adecuado para expresar mi reconocimiento a los colegas que han contribuido a la ampliación de los estudios de Plum y Posner y a la preparación de este volumen. Empiezo por Hanna Damasio. Mi pensamiento sobre todo lo relacionado con las mentes y los cerebros se ha visto moldeado, en todo momento, por sus conocimientos y sabiduría. Sus aportaciones a mi trabajo y a este libro son incontables.

Kingson Man, cuyo pensamiento sobre la consciencia se ve respaldado por un profundo conocimiento de la inteligencia artificial, es una fuente de conocimientos sólida y fiable. Jonas Kaplan, Assal Habibi, Anthony Vaccaro, Sahib Khalsa y Jacques Singer son colaboradores actuales cuya influencia en mi pensamiento reconozco con gratitud, al igual que, en el pasado, las contribuciones científicas y los consejos de Daniel Tranel, Josef Parvizi, Gil Carvalho, Antoine Bechara y Ralph Adolphs.

Y volviendo por momentos a la filosofía, debo reconocer el brillante y generoso pensamiento del filósofo español Asier Arias Domínguez,[5] con quien ahora contamos como filósofo residente del Instituto del Cerebro y la Creatividad de la Universidad del Sur de California.

IV

REFLEXIONES A LA POSTRE

24

UN APUNTE SOBRE LA HISTORIA DE LA VIDA

Este libro no versa sobre la vida y sus orígenes, pero es inevitable hablar de ello dado que los sentimientos y la consciencia se dedican a regular la vida.

En la narrativa de las aventuras de la inteligencia natural, la aparición de la membrana celular ocupa un lugar especial. No es para menos: se trata de una hazaña biológica de primer orden. Esta membrana envolvente genera un *espacio intracelular*, un manto protector que permite a la extraordinaria química cocinar el caldo de la vida en un sentido literal. Sin la protección de alguna membrana, es posible, e incluso probable, que la química de la vida tal y como la conocemos hoy sencillamente no se hubiera desarrollado. La noción física de manto de Markov se corresponde bien con la realidad de una membrana celular.[1] La manta se ha reconvertido en saco, pero la consecuencia es la misma: la separación de compartimentos/espacios, la creación de un *dentro* y un *fuera*, una *armazón interior* y un *exterior envolvente*. Estas ideas me han servido para hablar de criaturas complejas como nosotros, los humanos, pero debo recordar que nuestros cuerpos están constituidos por un «interior» —nuestras vísceras y la sangre que circula por los vasos dentro y alrededor de las vísceras— que está perfectamente separado del «exterior» envolvente por las capas cutáneas y por una serie de dispositivos sensoriales distribuidos por puntos estratégicos de esas mismas capas. Los más importantes de esos dispositivos son los ojos y los oídos, pero la lista incluye además los corpúsculos táctiles de la piel, las papilas gustativas y la membrana olfativa. El «exterior» envolvente es el majestuoso universo, por supuesto, esa inmensidad donde el destino ha situado a nuestros organismos vivos, el lugar donde se mueven y con el que deben interactuar para que la vida siga su curso.

Es difícil imaginar un desarrollo más prometedor para la inteligencia natural que el extraordinario truco de conjurar formas vivas a partir de materia no viva, la maravilla de la vida generada a partir de lo inerte. El proceso de la vida exigía que los sistemas químicos se mantuvieran en condiciones muy alejadas del equilibrio, atrincherados en un simple armazón celular, mientras se elaboraba la maquinaria de los genes que prometían la perpetuidad de la vida al transmitirse de una generación a la siguiente. Gracias a esos genes, la continuidad de la vida queda asegurada en el universo; lo que perece son solo nuestros cuerpos transitorios, por sus enfermedades o heridas mortales, pero la vida, esa, continúa.

La primera célula viva nació en el interior de una membrana celular protectora que encerraba un citoplasma pero aún no tenía núcleo. Esta célula fue la primera procariota de la historia y las bacterias son un ejemplo paradigmático de procariota, una seña profética que anuncia la notable recompensa que está por llegar, es decir, el núcleo celular o *cario*.

La forma en que el núcleo se unió al programa de la vida no fue menos sorprendente. Es posible que las células empezaran literalmente a tragarse otras células, a devorarlas, por así decirlo, ¡pero cuidando de no digerir su propia comida! Las células no digeridas se convirtieron en los tan esperados núcleos de células nuevas y más grandes, y así es como los eucariotas habrían llegado a ser lo que son: *células nucleadas*. Este proceso se conoce como *simbiogénesis* y es el origen probable de todos o de la mayoría de los tejidos que componen los variados órganos de organismos complejos como nosotros.[2]

El fisiólogo y famoso descubridor de la vitamina C, Albert Szent-Györgyi, galardonado con el Premio Nobel, describió la vida como «simples electrones en busca de un lugar donde descansar». Y es cierto que los organismos vivos necesitan electrones para producir y almacenar energía, y necesitan deshacerse de electrones después de producir y almacenar energía. Los organismos como nosotros obtienen electrones de los alimentos y se deshacen de ellos mediante la respiración, que es cuando se ofrecen al oxígeno. Esta era una cuenta pendiente hasta el descubrimiento de las bacterias que buscan electrones en los minerales que se encuentran en las profundidades de la Tierra (y no en los supermercados, como hacemos nosotros) y producen vida de esa manera.[3]

La invención de la vida fue un golpe tan asombroso y la aparición de células nucleadas, tejidos diferenciados y órganos separados, un desarrollo tan notable que algunos pensadores notables se preguntaron si tal vez la vida habría estado dotada de mentes creativas desde el principio y, además, si habría arrancado ya con alguna forma de consciencia.[4] Casi se pueden escuchar sus pensamientos: dirían que, para empezar, estos desarrollos tan formidables tuvieron que haber sido guiados por mentes conscientes aún no reconocidas, ¡y no al revés! El propio Darwin había barajado esta idea aunque sus ideas al respecto rara vez son mencionadas, y mucho menos discutidas. Básicamente, la idea era que, además de la obvia presencia física de moléculas químicas dedicadas a la autopreservación, había un aspecto no tan obvio en el proceso vital que podría describirse como una «fuerza» o «intención». Ese proceso habría impulsado al organismo vivo hacia su continuación, lo habría guiado en situaciones de peligro y también habría promovido su asociación con otros organismos, de lo que habrían resultado la cooperación y la supervivencia. Un mal funcionamiento de esta parte de la función celular provocaba la muerte de la célula o, en algunas circunstancias intrigantes, el comportamiento rebelde de la célula, es decir, el ataque de otras células, un giro de los acontecimientos que, por cierto, se produce en las células cancerosas.

Comparto la idea de que los procesos vitales tienen componentes ocultos y de hecho hemos adoptado nombres apropiados para esos poderes; por ejemplo, «implícito» y «velado». Pero considero la naturaleza de ese potencial creativo primitivo como algo radicalmente distinto de los procesos mentales explícitos/ocultos que sí se dieron más tarde en la evolución, y también muy distinto de la inconmensurable plusvalía que aportaron más tarde los sentimientos homeostáticos y la consiguiente consciencia, cuando surgieron en especies complejas como la nuestra, dotadas de sistemas nerviosos. En resumen, no creo que se trate simplemente de una cuestión de separar los procesos implícitos y encubiertos de los manifiestos y explícitos. Considero, por consiguiente, que la aparición de las mentes es un punto distinto de la evolución, cuando las células, los tejidos y los órganos llevaban ya mucho, muchísimo tiempo realizando sus sofisticadas tareas. Esto brindó la posibilidad de mejorar el manejo del proceso vivo en organismos complejos y, aunado al desarrollo de los sentimientos homeostáticos, abrió el camino a la regulación de la vida en *cualquier* organismo complejo. Los organismos dotados de mente, sentimientos homeostáticos y consciencia también desarrollaron nuevas facultades y herramientas como la memoria ampliada, el razonamiento, la música y los idiomas. Y, como ya se ha indicado, aparecieron formas variadas de organización social que ocasionaron procesos culturales diferenciados. Las tecnologías no se quedaron atrás, ni tampoco las artes y las ciencias.

25

COBRAR VIDA

I

La presencia de la vida en su plenitud es la manifestación más obvia y festiva de la inteligencia natural. Menos obvia pero no menos determinante es la orquestación del proceso de cobrar vida que impulsa a las células ahora vivas hacia su continuidad, las ayuda a maniobrar en situaciones de alto riesgo y las insta a asociarse con sus semejantes. Tal y como yo lo imagino, este proceso menos obvio, casi fantasma, está arraigado en aspectos de la química celular que son indispensables para que la vida continúe.

Ni a) la vida, tal y como se materializa en una célula, ni b) la fuerza que impulsa ese despuntar equivalen a un proceso mental, en el sentido convencional del término, aunque b) sí sugieren una *intención* generativa. De todos modos, creo que ninguno de los dos componentes del proceso vital debería denominarse mental o consciente, como proponen Reber y Baluška.[1]

Para evitar malentendidos innecesarios, deberíamos reservar el término *mente* solo para referirnos a una procesión organizada de imágenes que describen un objeto, un acontecimiento o una persona.

Ahora sabemos que esta procesión requiere las capacidades de creación de imágenes que poseen los sistemas nerviosos y también sabemos que ni los organismos unicelulares ni los que carecen de sistemas nerviosos tienen las condiciones —en el interior de sus cuerpos— para crear o mostrar imágenes y secuencias o procesiones de ellas. Les falta «espacio», literalmente, es decir, el espacio necesario para que las estructuras neurales puedan *representar objetos, acciones y cualidades*, el tipo de cosas que los sistemas hacen tan bien cuando cuentan con las estructuras y el espacio para ello.

Usar la noción de consciencia para describir procesos vitales fundamentales es errar aún más el tiro. La consciencia, tal y como hoy la concebimos, no solo requiere sistemas nerviosos y procesos mentales previos, sino, muy en concreto, los fenómenos híbridos de cuerpo y mente que denominamos sentimientos homeostáticos. Decimos que son «híbridos» porque contienen a la vez *características mentales y corporales*. Los sentimientos homeostáticos representan, en todo momento, el estado de vida en el interior de un organismo multicelular, multiorgánico y multisistémico. Los sentimientos homeostáticos son previsiblemente complejos y bastante extraños, además, ya que algunos tienen origen en el cuerpo y otros en el sistema nervioso. Y lo más importante es que puede sentirlos el «sujeto» que ellos mismos contribuyen a crear. Detengámonos un momento a contemplar, en silencio y con atención, este hecho extraordinario: *¡los sentimientos homeostáticos son sentidos por el sujeto que opera dentro del organismo vivo responsable de generar esos mismos sentimientos!* Es el no va más de la magia fisiológica.

Los sentimientos homeostáticos *no* pueden ser observados por quienes estudiamos el funcionamiento de los organismos vivos porque son *fenómenos internos*, perceptibles solo por la mente del organismo único respectivo. Ahora bien, aunque no podamos observar los sentimientos homeostáticos de los demás, sí podemos imaginarlos por referencia a los fenómenos comparables que sentimos en nuestro interior.

La «pulsión» vital o «intención» de que la vida continúe está presente en la química de cada célula y también en la química global de cualquier organismo vivo. No parece tener, en sí misma, rasgos mentales y, menos aún, conscientes. Tampoco es mágica, por supuesto, salvo en el sentido de que está perfectamente diseñada para lograr lo que se supone que la naturaleza «deseaba» producir: *más vida*.

II

Cuando salgo de paseo por mi barrio, a veces voy por la avenida Ashton, donde me encuentro con un árbol especialmente llamativo. El árbol de la avenida Ashton está vivo, por supuesto, pero no es consciente. No *sabe* —en el sentido en que no se lo puede representar a sí mismo— que crece con tal exuberancia que está deformando el pavimento a su alrededor y creando una salvaje pero fascinante pirámide de hormigón. Y, sin embargo, hay una fuerza en la vida del árbol que lo impulsa a empujar hacia arriba todo lo que encuentra a su paso, la tierra y la capa de hormigón, y a moverse de manera muy gradual, algo comparable a la determinación impersonal que hace que el árbol respire a través de sus hojas. Hay una intención encubierta, pero intención al fin y al cabo, que apunta un poco a tientas hacia un logro concreto que no ha planeado ni llegará a conocer. ¿Cómo deberíamos llamar a esa intención?

26

SOBRE LA VIDA, LA INTELIGENCIA Y LAS MENTES

Dar una explicación creíble —y con la que esté cómodo— de por qué y cómo los fenómenos mentales adquieren la propiedad de la consciencia es algo que siempre merodeaba por mis pensamientos mientras escribía este libro, al igual que plantear la cuestión de los orígenes y la fabricación de los fenómenos mentales en sí mismos, es decir, ahondar en el proceso de creación del espectáculo multimedia y en apariencia tridimensional que constituye nuestras mentes antes de que a ese espectáculo interior se le conceda el privilegio de la consciencia.

1. Ni las mentes ni las facultades mentales son inmateriales

Las nociones de «mente» y «mental» se han asociado durante mucho tiempo a la idea de «inmaterial». Creo que esta asociación tan extendida es fruto de una idea equivocada que se debe, probablemente, al hecho de que, cuando reflexionamos, los sucesos mentales se nos aparecen como entidades insustanciales, etéreas y huidizas, sin estructura física aparente. La ecuación habitual es: mental y mente = inmaterial. Pero yo creo que es incorrecta.

En una primera aproximación, los sucesos de la mente o de lo mental parecen inmateriales, algo así como fantasmas, visiones y sonidos venidos de la nada. Pero, aunque dichos sucesos no se presenten como construcciones obviamente físicas, lo cierto es que, en el fondo, lo son. Son el resultado de la actividad de neuronas y circuitos neuronales muy físicos, situados en regiones cerebrales muy físicas que forman parte de un cuerpo muy físico. Lo mental puede no parecer físico, a primera vista subjetiva, pero las condiciones de fabricación de la mente lo son sin duda.

La fisicalidad de los procesos mentales solo empezó a barajarse cuando la investigación neurofisiológica dejó claro que los sucesos mentales eran generados por neuronas físicas situadas en el cerebro físico de organismos físicos. Hasta que la biología pudo revelar las maravillas que un sistema nervioso puede producir en el interior de un cuerpo, la naturaleza mental/inmaterial de los procesos mentales era una interpretación viable de la realidad, pero la premisa de que los procesos mentales son inmateriales resultaba problemática. Con todo, la hipótesis de que las mentes no podrían surgir de un sustrato físico y biológico sigue ahí, salvada del olvido por la perspectiva convencional del «problema difícil» sobre la mente. Según el punto de vista del «problema difícil»,[1] que las estructuras físicas puedan generar sucesos mentales requiere una magia inexplicable. De entrada, parece un punto de vista razonable, pero creo que en realidad no lo es y que el problema difícil no es tan difícil de resolver como se ha hecho creer. Por supuesto, la solución depende de cómo se conciba lo «mental». Vayamos a los hechos.

El cerebro puede generar, y genera, patrones imagéticos a partir de fuentes físicas como la visión, el oído y el tacto. Los patrones imagéticos son el resultado de mapeamientos físicos de señales sensoriales físicas, que son recibidas, procesadas y plasmadas en una especie de lienzos formados por neuronas igualmente físicas. Las redes de neuronas receptoras se localizan primero en los órganos de recepción sensorial, como los ojos —en las increíbles estructuras cartográficas que conocemos como retinas—, así como en estructuras neuronales funcionalmente comparables situadas en el oído interno y en varias regiones del sistema nervioso central responsables del tacto, el gusto y el olfato. A continuación, los mapas plasmados son objeto de una transmisión topográfica fidedigna a regiones específicas de la corteza cerebral. A modo de ejemplo, los fotones que impresionan las células de la retina desencadenan una serie de acontecimientos bioquímicos que continúa por varias estaciones de las vías neurales del sistema visual del cerebro y terminan en mapas de neuronas topográficamente organizados de las cortezas visuales, en la región occipital del cerebro. En los otros sistemas sensoriales externos llamados exteroceptivos tienen lugar operaciones del mismo tipo dedicadas a la audición, el tacto, y en cierta medida, el gusto y el olfato. Cuando pienses en el sonido que produce un piano, o en la sensación de tocar una superficie, o en el modo en que las moléculas del líquido que bebes o del aire que respiras inciden en las neuronas de las superficies auditiva, táctil, gustativa y olfativa, ten en cuenta que todas ellas ponen en marcha una cadena de múltiples eslabones de acontecimientos neurales comparable a la que comienza en nuestras retinas y continúa más allá de ellas en las variadas estaciones de las vías visuales.

Una vez más, por si quedase alguna duda, todas estas estructuras neurales son físicas: los receptores periféricos, la corteza cerebral, las redes neuronales cuyas actividades crean las imágenes. La realidad externa que esas redes mapean en forma de imágenes también es física, por supuesto. Llamar a las imágenes físicas resultantes —y a su procesión articulada en el tiempo— un proceso «mental» es una forma de expresión aceptable —que empleamos a lo largo de este libro— siempre que el término *mental* no evoque, y mucho menos imponga, el «estatus no físico» que se le suele asociar.

A los pensadores que se ocuparon de este problema en el pasado, las imágenes les *parecían* inmateriales porque ellos no podían saber exactamente dónde ni cómo, dentro de un organismo vivo, se creaban y combinaban esas imágenes «mentales». Hemos tenido que esperar a que la ciencia adecuada revelara la anatomía y la fisiología del proceso para poder emitir un juicio sobre la naturaleza material o inmaterial de esos fenómenos.

El desconocimiento de los mecanismos que intervienen en la creación de las imágenes hace que estas parezcan «insustanciales» y, por tanto, convencionalmente «mentales». Por desgracia, el término «mental» se ha convertido prácticamente en sinónimo de «inmaterial» y «no físico».

Hoy día sabemos que es más correcto describir los procesos de creación de imágenes como biofísicos. Puede que a alguien le siga pareciendo conveniente referirse a esas imágenes como «mentales», y no pasa nada por hacerlo siempre que todos tengamos claro que las imágenes son consecuencia del funcionamiento de fenómenos biofísicos complejos y que se generan en sistemas neuronales complejos que forman parte de organismos vivos.

Lo curioso es que, a primera vista, los procesos mentales parecen hoy tan poco físicos como probablemente lo parecían hace siglos a los ojos de los pensadores que pretendían explicar la realidad. Conocer los hechos biológicos —las distintas estructuras de neuronas, sus formas de organizarse en mapas, sus conexiones a través de las jerarquías neurales y el tipo de operaciones de las neuronas— es necesario para entender y explorar las realidades que se esconden tras las apariencias.

II. TIPOS DE MENTE

En la exposición anterior hablé de «mente» y «mental» en relación con las imágenes que se originan en el universo que envuelve a nuestro organismo. Esas imágenes son literalmente construidas mediante un mecanismo perceptivo en el que los organismos exploran su entorno y encuentran todo tipo de objetos y acontecimientos para mapearlos en sus cerebros. Pero las observaciones relativas a la materialidad de los sucesos mentales relacionados con el mundo exterior también se aplican a las imágenes generadas mediante un mecanismo de sentimiento, el que permite a un sector del sistema nervioso explorar las estructuras y el funcionamiento de su propio organismo y elaborar una «representación» compleja de su interior anatómico y funcional. Ya sea construyendo imágenes relacionadas con el exterior que nos rodea o con el interior de nuestro propio cuerpo, ambos conjuntos de mecanismos relacionados producen imágenes físicas. Las diferencias, y son notables, estriban en la complejidad y el soporte físico exacto que requiere cada tipo de imagen. Como se señaló en la primera parte, las imágenes generadas a través de mecanismos perceptivos orientados al exterior se basan en mapas neurales directos, presentes de forma prominente en regiones exteroceptivas de las cortezas cerebrales, como las regiones visuales y auditivas. Las imágenes generadas por el mecanismo de la sensación también se apoyan en mapas neuronales, pero estos mapas se localizan en regiones interoceptivas. Curiosamente, su principal fuente de información es la actividad neuronal que tiene lugar en los *núcleos subcorticales interoceptivos*. Además, su integración es mucho más compleja que en el caso de las imágenes exteroceptivas, ya que las imágenes interoceptivas reúnen múltiples fuentes sensoriales y pueden contener incluso un elemento motor. Aun así, la fisicidad esencial de las estructuras que contribuyen sigue siendo la misma o es incluso más acentuada.

III. La vida tiene su origen en materia inerte

Ya no necesitamos más argumentos a favor de la idea de que la vida surgió de la no vida. Esa batalla está ganada. En determinadas condiciones, la materia no viva, es decir, inerte, dio origen a la vida y sigue haciéndolo. Como en el caso del hecho «difícil» de que la mente es un proceso físico, el conocimiento de los hechos científicos pertinentes es esencial para explicar lo que parece incongruente. Pero si en el caso del «problema de la mente» el conocimiento crítico procede de la ciencia del cerebro, para abordar el «problema de la vida» hace falta acudir a la física y la química para dar cuenta de la biología y no morir en el intento. Necesitamos, por ejemplo, las aportaciones de Erwin Schrödinger, que mostró cómo la vida —que requiere mantener ciertas operaciones químicas alejadas del equilibrio— depende de una fuente continua de energía para su autoconservación.[2] Robert Pascal y Addy Pross junto con las aportaciones de Stanley Miller y Tibor Gánti[3] agregaron los conocimientos de la química prebiótica que arrojaron luz sobre el proceso físico de la vida y dejaron claro que existen distintos componentes que sustentan la vida en una célula: *un sistema metabólico, que es responsable de los bloques de construcción química y de la producción de energía*; *un sistema de información que se autorreplica*, y *una membrana física que encapsula estos procesos*.

¿Es lícito, pues, deducir que la vida primitiva, patente de las células, surgiendo de las cenizas de la física y la química, ya presentaría componentes mentales y conscientes?

Como señalan Pascal y Pross, Humberto Maturana y Francisco Varela contestarían a esa pregunta con un sí rotundo.[4] Pero, aunque estoy totalmente de acuerdo con el estatus inteligente de la vida, manifiesto mi resistencia respetuosa a incluir la cognición general en la caracterización de la vida. Me resisto a la idea de que la vida surja ya equipada con atributos «mentales» espontáneos, por no hablar de los «conscientes».

La explicación detallada de cómo surge la vida a partir de la materia física queda fuera del alcance de este texto. Baste decir que el proceso de la vida parece ser una vía conveniente para que la naturaleza disipe energía, en circunstancias específicas, y que la estabilidad cinética dinámica (DKS, por sus iniciales en inglés) es un dispositivo crítico para el mantenimiento de la vida. Cabe destacar que dicho dispositivo respalda directamente la idea de Maturana y Varela de la «autopoiesis», el proceso cíclico que genera sus propios componentes y mantiene así la vida en las células vivas y los organismos pluricelulares. Además, las células vivas y los organismos pluricelulares dependen en extremo de su entorno, al que se adaptan y con el que están en comunión para participar en el proceso vital y mantenerlo. La capacidad de los organismos vivos para interactuar con su entorno y con otros organismos vivos demuestra una notable inteligencia, que se traduce en la aptitud de un organismo para conservar su vida. Y como los organismos vivos tienen acceso a un depósito de conocimientos no explícitos acerca de lo que es o no útil —luego, «inteligente»— para la conservación de la vida, podemos decir que el proceso vital presenta un aspecto «simbólicamente cognitivo». Por otro lado, no hay pruebas de que el repertorio celular de conocimientos que ayudan a conservar la vida contenga *representaciones explícitas* de opciones para hacerlo. No hay «patrones» o «imágenes» explícitos que puedan consultarse y que, por tanto, puedan participar en el proceso de regulación de la vida. Sin duda, podemos decir de los procesos vitales que son inteligentes y conceder que haya algo simbólicamente cognitivo en la regulación esencial de la vida. Pero debemos resistirnos a la idea de que tales mecanismos esenciales de regulación de la vida alberguen un proceso *mental* y, menos aún, procesos que se pudieran sentir y, por tanto, ser *conscientes*, es decir, en definitiva, procesos con eventual capacidad creativa intencional y autogenerada.

27

OBSERVACIONES SOBRE UN TÉRMINO PROBLEMÁTICO

Explicar la consciencia no es tarea fácil. Supone encontrar los orígenes del fenómeno, describir en qué consiste y cómo se produce, y aclarar qué consigue. Por desgracia, esto se complica más todavía porque la palabra *consciencia* comprende varios significados, algunos de los cuales no están relacionados con el proceso que mejor se corresponde con nuestras preocupaciones científicas actuales.

Un error conceptual generalizado vincula la consciencia (*consciousness*) al universo de la ética, a la cuestión de si lo que hacemos o pensamos es acorde o no a las normas morales que debemos seguir para que el mundo sea justo y vivible para sus habitantes. *Conciencia* (*conscience*) es la palabra correcta para expresar esa acepción particular de *consciencia*. La confusión entre las dos palabras es comprensible dado que etimológicamente son muy cercanas. A menudo se obvia la palabra correcta, *conciencia*, y en su lugar se utiliza incorrectamente la palabra *consciencia*. Para las lenguas romances es una cuestión espinosa, dado que en algunas de ellas se suele utilizar la misma palabra —*conciencia*— con ambos significados: *conciencia*, en sentido ético, y *consciencia*, el misterioso proceso que este libro trata de explicar. He aquí algunos ejemplos de esta palabra problemática en las lenguas romances más extendidas: *coscien-*

za, en italiano; *conciencia*, en castellano; *consciência*, en portugués; *conscience*, en francés. Ninguno de estos idiomas tiene un equivalente exacto a la palabra inglesa *consciousness* ni a la alemana *Bewußsein*, un término mucho más extraño.

La palabra *consciencia* (*consciousness*) no es un sinónimo apto de *vida*, *mente*, *fuerza espiritual* o *conexión cósmica*, ni de cualquiera de los muchos significados estrambóticos que le ha impuesto una cultura que no presta atención a nada. Utilizar la palabra *consciencia* cuando uno quiere decir *mente* o *conciencia* es, con diferencia, el mal uso más común y agravante. A la consciencia le va bien una definición humilde, aunque su cometido *—permitir que cada uno de nosotros reúna mente y cuerpo bajo un mismo techo—* sea de todo menos modesto.

28

LOS ALBORES DE LA CONSCIENCIA

Las proezas de la inteligencia natural son realmente maravillosas y parecen no tener fin. La regulación de la vida tuvo que empezar cuando empezó la vida misma —o no mucho después— y ofrecer la posibilidad de perfeccionar el proceso de ejecución de la vida para asegurar su continuación. Es fácil imaginar órganos y sistemas cada vez más diferenciados, organismos que adquieren capacidad mental y desarrollan la locomoción, no solo por tierra firme sino también por agua y aire y, con el tiempo, llegar a ser conscientes. Es lógico pensar que durante la mayor parte de este accidentado camino evolutivo y en la diversidad de especies en las que la evolución se abrió paso, la regulación de la vida no era consciente, como tampoco lo era la mente, que posiblemente consistía en encadenamientos de imágenes «guía» que todavía nadie reclamaba como suyas. Ese hecho probable plantea la cuestión de por qué y cómo cambió ese estado inconsciente. ¿Por qué y cómo la vida y la mente se beneficiarían de la regulación consciente y la adoptarían, si la variedad no consciente de regulación se había mostrado exitosa hasta entonces? Que no quepa duda sobre la probable respuesta a esta pregunta engañosamente simple: seguramente la regulación consciente supuso una forma mucho más eficaz de administrar la vida. La consciencia evitó errores de regulación, redujo las probabilidades de fracaso y ahorró energía. Fue, sin duda, un gran paso adelante.

Una vez que la naturaleza inventó los *sentimientos homeostáticos conscientes*, la eficacia y fiabilidad de los mensajes respectivos hizo imposible que la naturaleza regresara al modo de funcionamiento no consciente. Los sentimientos homeostáticos *espontáneamente* conscientes obligaban a poner el foco en el problema de regulación causante del sentimiento y hacían que el organismo ahora alertado atendiera y diera respuesta a incidencias específicas. La respuesta quedaba *casi* garantizada —¿cómo hacer caso omiso de una alarma *sentida en carne propia*?— y el hecho de poner toda la atención en el problema aumentaba la probabilidad de que la respuesta fuera *eficaz*, lo que aseguraba aún más su eficacia y contundencia.

Las soluciones reguladoras conscientes funcionan en *todas* las circunstancias, positivas y negativas, tanto cuando los sentimientos conscientes detectan disfunción *como* cuando detectan armonía funcional. En este último caso, permiten a los organismos darse un respiro momentáneo y dedicarse a explorar su entorno en beneficio propio; quién sabe, encontrar oro y permitirse unas vacaciones con todo pagado.

El nacimiento de la consciencia por la vía de los sentimientos homeostáticos conscientes también sugiere la presencia de un importante prerrequisito. Los sentimientos homeostáticos conscientes han surgido cuando los organismos ya eran capaces de tener representaciones considerablemente detalladas de sus circunstancias, a saber: a) las características naturales de su entorno; b) los eventos que se repiten; c) otros organismos y sus rutinas, y d) su propia composición estructural. Una vez que los sentimientos homeostáticos afirmaron su consciencia, todas las circunstancias del entorno pasaron a ser conocidas por el sujeto y a estar disponibles para su comodidad, en beneficio de su estado ahora consciente, limitado tan solo por el grado de inteligencia natural del sujeto de la situación y por sus capacidades motoras.

Los procesos de la *mente perceptiva/reflexiva/lingüística*, es decir, la *mente integrada*, generan los procesos mentales que la *Mente Sintiente* vuelve conscientes a través de los sentimientos homeostáticos, que a su vez iluminan todo el paisaje mental y permiten que, gracias a los procesos de la *mente integrada*, todas esas hebras funcionales *pertenezcan a un organismo singular, situado en un lugar y un momento determinados*.

En los organismos vivos como nosotros, la continuidad de la consciencia está asegurada por la continuidad del proceso vital y la de un tipo concreto de sentimientos homeostáticos a los que hemos llamado *sentimientos de existencia*. La fabricación continua de sentimientos de existencia está vinculada a algunas operaciones indispensables de nuestros organismos vivos: mantener la *temperatura corporal*, los movimientos continuos y los intercambios químicos de la *respiración*, *el latido incesante del corazón y la circulación de la sangre*. Mientras la vida continúe, continúan también las operaciones que se traducen en sus respectivos sentimientos homeostáticos conscientes, y lo mismo se aplica a nuestros sentimientos de existencia. Esa continuidad se suspende en gran medida cuando dormimos —con la excepción de las paradójicas circunstancias de cuando estamos soñando— y, cuando nos encontramos bajo los efectos de la anestesia general, así como en estados como el coma y el vegetativo causados por lesiones neurológicas en el tronco encefálico superior. Y, lástima, cuando nos morimos.

29

LA CADENA VITAL

Nuestra existencia está bien servida por los eslabones de una elaborada cadena vital.

El primer eslabón: la vida requiere una lucha continua por mantener la homeostasis. En los organismos complejos dotados de sistemas nerviosos, la homeostasis se consigue desplegando sentimientos homeostáticos en el flujo del proceso mental y permitiendo que esos sentimientos configuren la regulación de la vida.

El segundo eslabón: los sentimientos homeostáticos son *espontáneamente conscientes*. Serlo forma parte de su naturaleza intrínseca; no hay otra razón. El «propósito» funcional de su consciencia es *informar* al proceso mental general mediante «consejos» presentados en forma de a) *señales de alerta*, b) *recomendaciones* firmes o c) *órdenes*, en resumen, mediante el tipo de mensajes que no se pueden desdeñar y mucho menos negar. El carácter apremiante e ineludible de los sentimientos se basa en los poderes del *afecto*, en la naturaleza seductora o irascible de sus *sentimientos* constitutivos. Los sentimientos homeostáticos no son espectadores inocentes. Son *ejecutores* o *seductores* y ahí radica su poder funcional.

El tercer eslabón: la peculiar naturaleza del afecto hace que el conocimiento consciente se traduzca en acciones que atienden a las necesidades homeostáticas y ayudan a conservar la vida. Nunca está de más insistir en la importancia capital de la consciencia en la administración de la vida. La vida sin consciencia no habría sido capaz de reaccionar a las rarezas, disfunciones y amenazas que continuamente la acosan y a las que *hay que* dar respuesta y poner remedio. Y, sin embargo, el mecanismo esencial de la consciencia es sencillo, modesto incluso: consiste en dotar al proceso mental de un sistema de alerta capaz de activar y asegurar los ajustes indispensables y depende de 1) la capacidad de *detectar* condiciones problemáticas en el interior del cuerpo y de 2) el recurso abundante a las *pasiones* que forman parte de la vida, y que pueden llamar, de forma apremiante, a aplicar los ajustes necesarios.

En realidad, el truco de la consciencia consiste en añadir a *cada* imagen que retrata el proceso vital en curso una cierta cantidad de pasión, positiva, negativa o intermedia, en mayor o menor cantidad. Cada *fotografía* del proceso vital va acompañada de afecto, es decir, de *pasión*. Llama la atención y obliga al organismo a percibirla y responder en consecuencia.

En última instancia, la consciencia se produce cuando la pasión inherente a la vida se aplica, en la medida de lo posible y necesario, a las imágenes que describen los vaivenes y los pensamientos de los organismos vivos.

30

¿QUIÉN LO HUBIERA IMAGINADO?

Quién hubiera imaginado que el afecto, en general, y los sentimientos, en particular, que surgieron por obra y gracia de la inteligencia natural como medio para conservar la vida de criaturas relativamente simples, se convertirían, en la larga travesía del tiempo, en elementos definitorios de la existencia humana, fuente de alegrías y tristezas, de glorias y tragedias, de altibajos, nada menos que el fundamento más hondo de la humanidad que habitamos y podemos observar. Lo que los humanos hemos inventado y añadido específicamente a este universo, desde la ingeniería de los objetos y las formas de comportamiento hasta el arte, la filosofía y la ciencia es admirable, sin duda, pero resulta ínfimo en comparación con los dones del afecto y, admitámoslo, con lo que parecen haber sido las ambiciones de la inteligencia natural. No es de extrañar que después de haber contribuido al nacimiento de mil reinos y algunas religiones, la inteligencia natural y sus afectos terminaran desafiando a los humanos y los impulsaran a descubrir sus propios orígenes y poderes. Aún no hemos llegado a ese punto, pero, sorprendentemente, como resultado de esas urgencias, al menos nos hemos acercado a una pequeña parte del enigma —la creación de la consciencia—... ¡y lo hemos resuelto!

BIBLIOGRAFÍA

Adolphs, R., y Anderson, D. J., *The Neuroscience of Emotion: A New Synthesis*, Princeton University Press, Princeton, 2018.

Adolphs, R., Damasio, H., Tranel, D., Cooper, G., y Damasio, A., «A role for somatosensory cortices in the visual recognition of emotion as revealed by three-dimensional lesion mapping», *Journal of Neuroscience*, 20 (7) (2000), pp. 2683-2690.

Andreasen, N. C., *The Creative Brain: The Science of Genius*, Plume Printing, Penguin, Nueva York, 2006.

Annila, A., y Annila, E., «Why did life emerge?», *International Journal of Astrobiology*, 7 (3-4) (2008), capítulo 1, pp. 293-300.

Arendt, D., Tosches, M. A., y Marlow, H., «From nerve net to nerve ring, nerve cord and brain—Evolution of the nervous system», *Nature Reviews Neuroscience*, 17 (1) (2016), pp. 61-72.

Bagriantsev, S. N., y Gracheva, E. O., «Molecular mechanisms of temperature adaptation», *The Journal of Physiology*, 593 (16) (2015), pp. 3483-3491.

Baluška, F., y Levin, M., «On having no head: cognition throughout biological systems», *Frontiers in Psychology*, 7 (2016), pp. 1-19.

Baluška, F. y Mancuso, S., «Deep evolutionary origins of neurobiology: Turning the essence of 'neural' upside-down», *Communicative & Integrative Biology*, 2 (1) (2009), pp. 60-65.

Baluška, F., y Reber, A., «Sentience and consciousness in single cells: how the first minds emerged in unicellular species», *BioEssays*, 41 (3) (2019).

Baluška, F., Yokawa, K, Mancuso, S., y Baverstock, K., «Understanding of anesthesia—Why consciousness is essential for life and not based on genes», *Communicative & Integrative Biology*, 9 (6) (2016), doi.org/10.1080/19420889.2016.1238118.

Barrett, L. F, Mesquita, B., Ochsner, Kevin N., y Gross, J. J., «The experience of emotion», *Annual Review of Psychology*, 58 (2007), p. 373.

Barsalou, L. W., «Grounded cognition», *Annual Review of Psychology*, 59 (2008), pp. 617-645.

Beaulieu, P., Lussier, D., Porreca, F., y Dickenson, A., *Pharmacology of Pain*, Lippincott Williams & Wilkins, Filadelfia, 2015.

Behbehani, M. M., «Functional characteristics of the midbrain periaqueductal gray», *Progress in Neurobiology*, 46 (6) (1995), pp. 575-605.

Bernard, C., *Leçons sur les Phénomènes de la Vie Communs aux Animaux et aux Végétaux*, Librarie J. B. Baillière et Fils, París, 1865. Reimpresiones de la colección de la Biblioteca de la Universidad de Míchigan.

Berridge, K. C., y Kringelbach, M. L., «Pleasure systems in the brain», *Neuron* 86 (3) (2015), pp. 646-664.

Björnsdotter, M., Morrison, I., y Olausson, H., «Feeling good: on the role of C fiber mediated touch in interoception», *Experimental Brain Research*, 207 (2010), pp. 149-155.

Block, N., *The Mind as the Software of the Brain*, books.google.com, Nueva York, 1995.

Bostrom, N., *Superintelligence: Paths, Dangers, Strategies*, Oxford University Press, Oxford, 2014.

Brenner, E. D., Stahlberg, R., Mancuso, S., Vivanco, J., Baluška, F., y Van Volkenburgh, E., «Plant neurobiology: an integrated view of plant signaling», *Trends in Plant Science*, 11 (8) (2006), pp. 413-419.

Brown D. A., y Marsh S., «Axonal GABA-receptors in mammalian peripheral nerve trunks», *Brain Res* 156 (1978), pp. 187-191, doi:10.1016/0006-8993(78)90098-7.

Bruchas, M. R., Land, B. B., Lemos, J. C., y Chavkin, C., «CRF1-R activation of the dynorphin/kappa opioid system in the mouse basolateral amygdala mediates anxiety-like behavior», *PloS One*, 4 (12) (2009), e8528.

Busse, J. W., Wang, L., Kamaleldin, M., Craigie, S., Riva, J. J., Montoya, L., ..., y Guyatt, G. H., «Opioids for chronic noncancer pain: a systematic review and meta-analysis», *Jama*, 320 (23) (2018), pp. 2448-2460.

Cabanac, M., «On the origin of consciousness, a postulate and its corollary», *Neuroscience & Biobehavioral Reviews*, 20 (1) (1996), capítulo 2, pp. 33-40.

Calvo, P., y Baluška, F., «Conditions for minimal intelligence across eukaryota: a cognitive science perspective», *Frontiers in Psychology*, 6 (2015), pp. 1-4, doi.org/10.3389/fpsyg.2015.01329.

Cannon, W. B., *The Wisdom of the Body*, Norton, Nueva York, 1932. Versión castellana: *La sabiduría del cuerpo*, Editorial Séneca, México, 1941.

—, «Organization for physiological homeostasis», *Physiological Review*, 9 (1929), pp. 399-431.

Cao, J., Cole, I. B., y Murch, S. J., «Neurotransmitters, neuroregulators and neurotoxins in the life of plants», *Canadian Journal of Plant Science*, 86 (4) (2006), pp. 1183-1888.

Carroll, S., «The big picture», *Nature*, 409 (2001), p. 669, doi.org/10.1038/35055637.

Carvalho, G. B., y Damasio, A. «Interoception and the origin of feelings: a new synthesis», *BioEssays*, (2021), https://doi.org/10.1002/bies.202000261.

Castells, M., *Communication Power*, Cambridge University Press, Nueva York, 2009.

—, *Rupture: The Crisis Of Liberal Democracy*, Polity Press, Cambridge, 2019.

Cathomas, F., y Russo, S. J., «Brain—spleen connection aids antibody production», *Nature News and Views*, 581 (2020), pp. 142-143.

Cea, I., y Martínez-Pería, D., «Continuous organismic sentience as the integration of core affect and vitality», *Journal of Consciousness Studies*, 30 (3-4) (2023), pp. 7-33, (27) (2023), https://doi.org/10.53765/20512201.30.3.007.

Cech, T. R., «The RNA worlds in context», *Cold Spring Harbor Perspectives in Biology*, 4 (7) (2012), a006742.

Chalmers, D. J., *The Conscious Mind: In Search of a Fundamental Theory*, Oxford University Press, Oxford, 1996. Versión castellana: *La mente consciente: en busca de una teoría fundamental*, Gedisa, Barcelona, 1999.

Chaudhary, U., Xia, B., Silvoni, S., Cohen, L. G., y Birbaumer, N., «Brain-computer interface-based communication in the completely locked-in state», *PLoS Biology*, 15 (1) (2017), doi.org/10.1371/journal.pbio.1002593.

Cogitate Consortium *et al.*, «Adversarial testing of GNW and ITT theories of consciousness», *Nature*, 642 (2025), pp. 133-142.

Collinger, J., Wodlinger, B., Downey, J. E., Wang, W., Tyler-Kabara, E. C., Weber, D. J., McMorland, A. J., Velliste, M., Boninger,

M. L., y Schwartz, A. B., «High-performance neuroprosthetic control by an individual with tetraplegia», *The Lancet*, 381 (9866) (2013), pp. 557-564, doi.org/10.1016/S0140-6736(12)618 16-9.

Coppola, P., «A review of the sufficient conditions for consciousness», (2023), *arXiv preprint arXiv:2311.09236*.

—, «A Review of the Sufficient Conditions for Consciousness», *Neuroscience and Biobehavioral Reviews* (2015).

Craig, A. D., *How Do You Feel? An Interoceptive Moment with Your Neurobiological Self*, Princeton University Press, Princeton, 2015.

—, «Interoception: the sense of the physiological condition of the body», *Current Opinion in Neurobiology*, 13 (4) (2003), pp. 500-505.

Crick, F., *Life Itself: Its Origins and Nature*, capítulo 1, Simon and Schuster, Nueva York, 1981. Versión castellana: *La vida misma: su origen y naturaleza*, Fondo de Cultura Económica, México, 2000.

Crick, F., y Koch, C., «Towards a neurobiological theory of consciousness», *Seminars in the Neurosciences*, 2 (263-275) (1990), p. 203.

—, «A framework for consciousness», *Nature Neuroscience*, 6 (2) (2003), pp. 119-126.

Critchley, H. D., Wiens, S., Rotshtein, P., Öhman, A., y Dolan, R. J., «Neural systems supporting interoceptive awareness», *Nature Neuroscience*, 7 (2) (2004), pp. 189-195.

Damasio, A., «Time-locked multiregional retroactivation: A systems-level proposal for the neural substrates of recall and recognition», *Cognition*, 33 (1989), pp. 25-62.

—, «Concepts in the Brain», *Mind and Language*, 4 (1-2) (1989), pp. 24-28, doi.org/10.1111/j.1468-0017.1989.tb00236.x.

—, *The Feeling of What Happens: Body and Emotion in the Making of Consciousness*, Harcourt, Nueva York, 1999. Versión castellana: *La sensación de lo que ocurre*, Destino, Barcelona, 2018.

—, *Self Comes to Mind: Constructing the Conscious Brain*, Pantheon, Nueva York, 2010. Versión castellana: *Y el cerebro creó al hombre: ¿cómo pudo el cerebro generar emociones, sentimientos, ideas y el yo?*, Destino, Barcelona, 2010.

—, *The Strange Order of Things: Life, Feeling, and the Making of Cultures*, Pantheon, Nueva York, 2018. Versión castellana: *El extraño orden de las cosas: la vida, los sentimientos y la creación de las culturas*, Destino, Barcelona, 2018.

—, «The reality and prevalence of animal sentience», *Animal Sentience*, 31 (17) (2022), DOI: 10.51291/2377-7478.1752.

Damasio, A., y Carvalho, G. B., «The nature of feelings: evolutionary and neurobiological origins», *Nature Reviews Neuroscience*, 14 (2) (2013), pp. 143-152.

Damasio, A., y Damasio, H., «Brain and language», *Scientific American*, 267 (1992), pp. 88-109.

—, «Pain and other feelings in humans and animals», *Animal Sentience: An Interdisciplinary Journal on Animal Feeling*, 1 (3) (2016), pp. 1-4.

—, «How life regulation and feelings motivate the cultural mind: a neurobiological account», en: Houdé, O. y Borst, G. (eds.), *The Cambridge Handbook of Cognitive Development*, Cambridge University Press, Cambridge, 2020.

—, «Sensing is a far cry from sentience», *Animal Sentience*, 33 (16) (2023), doi: 10.51291/2377-7478.1805.

—, «Feelings are the source of consciousness», *Neural Computation*, 35 (3) (2023), pp. 277-286, doi: https://doi.org/10.1162/neco_a_01521.

—, «Homeostatic feelings and the biology of consciousness», *BRAIN*, Oxford Academic, 145 (2022), pp. 2231-2235.

—, «Consciousness begins with feeling not thinking» (2023), *IAI News*, https://iai.tv/articles/consciousness-begins-with-feelings-hanna-damasio-auid-2462.

—, «Sensing, feeling and consciousness», *Philosophical Transactions of the Royal Society B*, 379 (1908) (2024) https://doi.org/10.1098/rstb.2023.0243.

—, «Homeostatic feelings and the emergence of consciousness», *Journal of Cognitive Neuroscience*, 36 (8) (2024), pp. 1653-1659, doi: https://doi.org/10.1162/jocn_a_02119.

Damasio, A. y Kuhl, P., «Language», en: Kandel, E. (ed.), *Principles of Neural Science*, 5.ª ed., McGraw-Hill, Nueva York, 2013.

Damasio, A., y LeDoux, J., «Emotion», en: Kandel, E. (ed.), *Principles of Neural Science*, 5.ª ed., McGraw- Hill, Nueva York, 2013.

Damasio, A., y Meyer, K., «Consciousness: an overview of the phenomenon and of its possible neural basis», en: Laureys, S., y Tononi, G. (eds.), *The Neurology of Consciousness*, Elsevier, Burlington (Massachusetts), (2009), pp. 3-14.

Damasio, A., y Tranel, D., «Nouns and verbs are retrieved with differently distributed neural systems», *Proceedings of the National Academy of Sciences*, 90(11) (1993), pp. 4957-4960.

Damasio, A., Tranel, D., y Damasio, H., «Face agnosia and the neural substrates of memory», *Annual Review of Neuroscience*, 13 (1990), pp. 89-109.

Damasio, A., Damasio, H., Tranel, D., y Brandt, J. P., «Neural regionalization of knowledge access: preliminary evidence», *Symposia on Quantitative Biology*, 55 (1990), pp. 1039-1047.

Damasio, A., Grabowski, T. J., Bechara, A., Damasio, H., Ponto, L. L. B., Parvizi, J., y Hichwa, R., «Subcortical and cortical brain activity during the feeling of self-generated emotions», *Nature Neuroscience*, 3 (10) (2000), pp. 1049-1056, doi.org/10.1038/79871.

Damasio, A., Damasio, H., y Tranel, D., «Persistence of feelings and sentience after bilateral damage of the insula», *Cerebral Cortex*, 23 (2012), pp. 833-846.

Damasio, H., *Human Brain Anatomy in Computerized Images*, 2.ª ed., Oxford University Press, Nueva York, 2005.

Damasio, H., y Damasio, A., «A joint interview», *Neuron Special Issue: Neuroscience unbounded*, vol. 111 (21) (2023), pp. 3337-3340, https://doi.org/10.1016/j.neuron.2023.09.026.

—, «Consciousness begins with feeling not thinking», *IAI (Institute of Art and Ideas) News* (2023), https://iai.tv/articles/consciousness-begins-with-feelings-hanna-damasio-auid-2462.

—, «Homeostatic feelings and the emergence of consciousness», *Journal of Cognitive Neuroscience*, 36 (8) (2024), pp. 1653-1659, doi: https://doi.org/10.1162/jocn_a_02119.

—, «Sensing, feeling and consciousness», *Philosophical Transactions of the Royal Society B*, 379 (1908) (2024), https://doi.org/10.1098/rstb.2023.0243.

Damasio, H., Tranel, D., Grabowski, T. J., Adolphs, R., y Damasio, A., «Neural systems behind word and concept retrieval», *Cognition*, 92 (1) (2004), pp. 179-229.

Darwin, C., *The Origin of The Species by Means of Natural Selection*, The New American Library, Nueva York, 1860.

—, *On the Origin of Species*, Penguin Classics, Nueva York, 2009.

Davidson, R., y Shuyler, B. S., «Neuroscience of happiness», en: Helliwell, J. F., Layard, R, y Sachs, J. (eds.), *World Happiness Report 2015*, Sustainable Development Solutions Network, Nueva York, 2015.

Dawkins, R., *The Selfish Gene: 30th Anniversary Edition*, Oxford University Press, Nueva York, 2006. Versión castellana: *El gen egoísta*, Bruño, Madrid, 1990.

De Preester, H., «Subjectivity as a sentient perspective and the role of interoception», en: Tsakiris, M., y De Preester, H. (eds.), *The Interoceptive Mind*, Oxford University Press, Oxford, 2019.

Dehaene, S., *Consciousness and the Brain: Deciphering How the Brain Codes Our Thoughts*, Viking, Nueva York, 2014.

Dennett, D., *Consciousness Explained*, Penguin, Londres, 1993.

—, *Darwin's Dangerous Idea: Evolution and the Meanings of Life*, Simon and Schuster, Nueva York, 1995. Versión castellana: *La peligrosa idea de Darwin*, Galaxia Gutenberg, Barcelona, 2000.

—, «Facing up to the hard question of consciousness», *Philosophical Transactions of the Royal Society B* (2018).

—, *I've Been Thinking*, Norton, Nueva York, 2023. Versión castellana: *He estado pensando*, Arpa, Barcelona, 2024.

Denton, D., *The Primordial Emotions: The Dawning of Consciousness*, Oxford University Press, Oxford, 2005. Versión castellana: *El despertar de la consciencia: la neurociencia de las emociones primarias*, Paidós, Barcelona, 2009.

Devor, M., «Unexplained peculiarities of the dorsal root ganglion», *Pain*, 82 (1999), S27-S35.

Devor, M., y Wall, P. D., «Cross-excitation in dorsal root ganglia of nerve-injured and intact rat», *Journal of Neurophysiology*, 64 (6) (1990), pp. 1733-1746.

Dickinson, E., *Poems XLIII, Collected Poems*, Courage Books, Filadelfia, 1991. Versión española: *Poemas y cartas 1-600*, Sabina, Madrid, 2023.

Diggle, S. P., Griffin, A. S., Campbell, G. S., y West, S. A., «Cooperation and conflict in quorum-sensing bacterial populations», *Nature*, 450 (2007), pp. 411-414, https://doi.org/10.1038/nature06279.

Domingos, P., *The Master Algorithm: How the Quest for the Ultimate Learning Machine Will Remake Our World*, Basic Books, Nueva York, 2015.

Domínguez, A. A., «Ancient inner feelings: interoceptive insights into the evolution of consciousness», *Biological Theory* (2024), https://doi.org/10.1007/s13752-024-00474-4.

Donald, M., *Origins of the Modern Mind: Three Stages in the Evolution of Culture and Cognition*, Harvard University Press, Cambridge (Massachusetts), 1991.

Doudna, J. A., y Charpentier, E., «The new frontier of genome engineering with CRISPR-Cas9», *Science*, 346 (6213) (2014), doi: 10.1126/science.1258096.

Dreborg, S., Sundström, G., Larsson, T. A., y Larhammar, D., «Evolution of vertebrate opioid receptors», *Proceedings of the National Academy of Sciences*, 105 (40) (2008), pp. 15487-15492.

Durkheim, E., *The Elementary Forms of Religious Life*, The Free Press, Nueva York, 1995. Versión castellana: *Las formas elementales de la vida religiosa*, Alianza, Madrid, 2014.

Duve, C. de, *Singularities: Landmarks in the Pathways of Life*, Cambridge University Press, Cambridge, 2005.

—, *Vital Dust: The Origin and Evolution of Life on Earth*, Basic Books, Nueva York, 1995.

Dyson, F., *Origins of Life*, Cambridge University Press, Nueva York, 1999. Versión castellana: *Los orígenes de la vida*, Akal, Madrid, 2003.

Edelman, G., *Neural Darwinism: The Theory of Neuronal Group Selection*, Basic Books, Nueva York, 1987.

Edelman, G. M., y Tononi, G. A, *Universe of Consciousness: How matter becomes imagination*, Basic Books, Nueva York, 2000.

Edgecombe, G. D., y Legg, D. A., «Origins and early evolution of arthropods», *Palaeontology*, 57 (3) (2014), pp. 457-468.

Erill, I., Campoy, S., y Barbé, J., «Aeons of distress: an evolutionary perspective on the bacterial SOS response», *FEMS Microbiology Reviews*, 31(6) (2007), pp. 637-656.

Farmer, P., *Fevers, Feuds, and Diamonds: Ebola and the Ravages of History*, Farrar, Straus and Giroux, Macmillan Publishers, 2020.

Fischer, D. B., Boes, A. D., Demertzi, A., Evrard, H. C., Laureys, S., Edlow, B. L., ..., y Geerling, J. C., «A human brain network derived from coma-causing brainstem lesions», *Neurology*, 87 (23) (2016), pp. 2427-2434.

Foley, R. A., Martin, L., Lahr, M. M., y Stringer, C., «Major transitions in human evolution», *Philosophical Transactions of the Royal Society B*, 371 (1698) (2016), doi.org/10.1098/rstb.2015.0229.

Foster, J. A., y McVey Neufeld, K. A., «Gut—brain axis: how the microbiome influences anxiety and depression», *Trends in Neurosciences*, 36 (5) (2013), pp. 305-312.

Fox, K. C. R., Shi, L., Baek, S. *et al.* (2020), «Intrinsic network architecture predicts the effects elicited by intracranial electrical stimulation of the human brain», *Nature Human Behavior*, doi.org/10.1038/s41562-020-0910-1.

Freud, S., *Civilization and its Discontents: The Standard Edition*,

W. W. Norton & Company, Nueva York, 2010. Versión española: *El malestar en la cultura*, Alma, Barcelona, 2022.

—, *The Basic Writings of Sigmund Freud*, Modern Library, Nueva York, 1995.

Friston, K., «Of woodlice and men: A Baysian account of cognition, life and consciousness. An interview with Karl Friston», *ALIVS Bulletin*, 2 (2018), pp. 17-43.

Fueri C., Faudon M., Hery M., y Hery, F. «Release of serotonin from perikarya in cat nodose ganglia», *Brain Res*, 304 (1984), pp. 173-177, doi:10.1016/0006-8993(84)90877-1.

Gánti, T., *The Principles of Life*, Oxford University Press, Nueva York, 2003.

Gao, X., Phillips, P. A., Widdop, R. E., Trinder, D., Jarrott, B., y Johnston, C. I., «Presence of functional vasopressin V1 receptors in rat vagal afferent neurons», *Neuroscience Letters*, 145 (1992), pp. 79-82, doi:10.1016/0304-3940(92)90208-O.

Gardner, H., *Truth, Beauty, and Goodness Reframed: Educating for the Virtues in the Twenty—First Century*, Basic Books, Nueva York, 2011. Versión castellana: *Verdad, belleza y bondad reformuladas: la enseñanza de las virtudes en el siglo xxi*, Paidós, Barcelona, 2011.

Gibson, D. G., Glass, J. I., Lartigue, C., Noskov, V. N., Chuang, R. Y., Algire, M. A., Benders, G. A. *et al.*, «Creation of a bacterial cell controlled by a chemically synthesized genome», *Science*, 329 (5987) (2010), pp. 52-56.

Ginsburg, S., y Jablonka, E., *The Evolution of the Sensitive Soul: Learning and the Origins of Consciousness*, Cambridge (Massachusetts) y Londres: MIT Press, 2019.

Gizowski, C., y Bourque, C. W., «The neural basis of homeostatic and anticipatory thirst», *Nature Reviews Nephrology*, 14 (1) (2018), pp. 11-25.

Godfrey-Smith, P., *Other Minds: The Octopus, the Sea, and the Deep Origins of Consciousness*, Farrar, Straus and Giroux, Nueva York, 2016. Versión castellana: *Otras mentes: el pulpo, el mar y los orígenes profundos de la consciencia*, Taurus, Madrid, 2017.

Gracheva, E. O., y Bagriantsev, S. N., «Evolutionary adaptation to thermosensation», *Current Opinion in Neurobiology*, 34 (2015), pp. 67-73.

Gray, J. *The Silence of Animals: On Progress and Other Modern Myths*, Farrar, Straus and Giroux, Nueva York, 2013.

Greene, J. D., Sommerville, R. B., Nystrom, L. E. Darley, J. M., y

Cohen, Jonathan D., «An fMRI investigation of emotional engagement in moral judgment», *Science*, 293 (5537) (2001), pp. 2105-2108.

Habibi, A., y Damasio, A., «Music, feelings, and the human brain», *Psychomusicology: Music, Mind, and Brain*, 24 (1) (2014), pp. 92-102.

Hameroff, S., «The quantum origin of life: how the brain evolved to feel Good», *On Human Nature* (2017), pp. 333-353.

—, «Consciousness and quantum state reduction—which comes first?», *Activitas Nervosa Superior*, 61 (2019) pp. 31-40, doi.org/10.1007/s41470-019-00053-0.

Harari, Y. N. (2015, 2016), *Homo Deus: A Brief History of Tomorrow*, Oxford: Signal Books, Londres: Penguin. Versión castellana: *Homo deus: breve historia del mañana*, Debate, Barcelona, 2017.

Harper, A. A., y Lawson, S. N., «Conduction velocity is related to morphological cell type in rat dorsal root ganglion neurons», *The Journal of Physiology*, 359 (1) (1985), pp. 31-46.

Hashiguchi, Y., Tasaka, M., y Morita, M. T., «Mechanism of higher plant gravity sensing», *American Journal of Botany*, 100 (1) (2013), pp. 91-100.

Hejnol, A., y Rentzsch, F., «Neural nets», *Current Biology*, 25 (18) (2015), R782-R786.

Hendrickx, J. F., Eger, E., Sonner, J. M., y Shafer, S. L., «Is synergy the rule? A review of anesthetic interactions producing hypnosis and immobility», *Anesthesia & Analgesia*, 107 (2) (2008), pp. 494-506, doi.org/10.1213/ane.0b013e31817b859e.

Henning, M., Fox, G. R., Kaplan, J., Damasio, H., y Damasio, A., «A potential role for mu-opioids in mediating the positive effects of gratitude», *Frontiers in Psychology*, 8 (2017), doi.org/10.3389/fpsyg.2017.00868.

Higgs, P. G., y Lehman, N., «The RNA world: molecular cooperation at the origins of life», *Nature Reviews Genetics,* 16 (1) (2015), pp. 7-17.

Hinton, G. E., «Learning multiple layers of representation», *Trends in Cognitive Sciences*, 11 (10) 2007, pp. 428-434.

Hobbes, T., *Leviathan*, A&C Black, Nueva York, 2006. Versión castellana: *Leviatán*, Deusto, Barcelona, 2018.

Hoffman, H. H., y Schnitzlein, H. N., «The numbers of nerve fibers in the vagus nerve of man», *The Anatomical Record*, 139 (3) (1961), pp. 429-435.

Horkheimer, M., y Adorno, T. W., *Dialectic of Enlightenment: Philosophical Fragments*, Stanford University Press, Stanford (California), 2002. Versión castellana: *Dialéctica de la ilustración*, Akal, Madrid, 2023.

Hubel, D., y Wiesel, T., *Brain and Visual Perception*, Oxford University Press, Nueva York, 2004.

Hughes, D. T., y Sperandio, V., «Inter-kingdom signaling: communication between bacteria and their hosts», *Nature Reviews Microbiology*, 6 (2) (2008), pp. 111-120.

Hustvedt, S., *The Delusions of Certainty*, Simon and Schuster, Londres, Nueva York, Toronto, Sídney, Nueva Delhi, 2017. Versión castellana: *Los espejismos de la certeza*, Seix Barral, Barcelona, 2021.

Immordino-Yang, M. H., *Emotions, Learning, and the Brain: Exploring the Educational Implications of Affective Neuroscience*, W. W. Norton & Company, Nueva York, 2015.

Irnich D., Burgstahler R., Bostock H., y Grafe, P., «ATP affects both axons and Schwann cells of unmyelinated C fibres», *Pain*, 92 (2001), pp. 343-350, doi:10.1016/S0304-3959(01)00277-9.

James, W., *The Varieties of Religious Experience*, Penguin Classics, Nueva York, 1983. Versión castellana: *Variedades de la experiencia religiosa: un estudio de la naturaleza humana*, Trotta, Madrid, 2017.

—, *Principles of Psychology*, Hardpress Limited, 2013. Versión castellana: *Principios de psicología*, Fondo de Cultura Económica, México, 1989.

Jousset, A., Eisenhauer, N., Materne, E., y Scheu, S., «Evolutionary history predicts the stability of cooperation in microbial communities», *Nature Communications*, 4 (1) (2013), https://doi.org/10.1038/ncomms3573.

Joyce, G. F., «Bit by bit: the Darwinian basis of life», *PLoS Biology*, 10 (5) (2012), https://doi.org/10.1371/journal.pbio.1001323.

Kahneman, D., «Experienced utility and objective happiness: a moment-based approach», en: Kahneman, D. y Tversky, A. (eds.), *Choices, Values, and Frames*, Russell Sage Foundation, Nueva York, 2000.

Kandel, E., Schwartz, J. H., Jessell, T. M., Siegelbaum, S. A., y Hudspeth, A. J., *Principles of Neural Science*, 5.ª edición, McGraw-Hill, Nueva York, 2013.

Kaplan, J., Gimbel, S. I., Dehghani, M., Immordino-Yang, M. H., Sagae, K., Wong, J. D., Tipper, C., Damasio, H. Gordon, A. S., y Damasio, A., «Processing narratives concerning protected values: A cross-cultural investigation of neural correlates», *Cerebral Cortex* (2016) 1-11, doi.org/10.1093/cercor/bhv325.

Kauffman, S., «What is life?», *Israel Journal of Chemistry*, 55 (8) (2015), pp. 875-879.

Kearns, D. B., «A field guide to bacterial swarming motility», *Nature Reviews Microbiology*, 8 (9), (2010), pp. 634-644.

Keller, L., y Surette, M. G., «Communication in bacteria: an ecological and evolutionary perspective», *Nature Reviews*, 4 (2006), pp. 249-258.

Kiernan, J. A., «Vascular permeability in the peripheral autonomic and somatic nervous systems: controversial aspects and comparisons with the blood-brain barrier», *Microscopy Research and Technique*, 35 (2) (1996), pp. 122-136.

Kim, D. Y., y Camilleri, M., «Serotonin: a mediator of the brain-gut connection», *The American Journal of Gastroenterology*, 95 (10) (2000), pp. 2698-2709.

Kirschner, S., y Tomasello, M., «Joint music making promotes prosocial behavior in 4-year-old children», *Evolution and Human Behavior*, 31 (5) (2010), pp. 354-364.

Klein, C., y Barron, A. B., «Insects have the capacity for subjective experience», *Animal Sentience: An Interdisciplinary Journal on Animal Feeling*, 1 (9) (2016).

—, «How experimental neuroscientists can fix the hard problem of consciousness», *Neuroscience of Consciousness* (2020), niaa009, doi.org/10.1093/nc/niaa009.

Klop, E. M., Mouton, L. J., Hulsebosch, R., Boers, José, y Holstege, G., «In cat four times as many lamina I neurons project to the parabrachial nuclei and twice as many to the periaqueductal gray as to the thalamus», *Neuroscience*, 134 (1) (2005), pp. 189-197.

Koch, C., *The Feeling of Life Itself: Why Consciousness is Widespread But Can't Be Computed*, MIT Press, Cambridge (Massachusetts), 2019.

Kosslyn, S. M., *Image and Mind*, Harvard University Press, Cambridge (Massachusetts), 1980.

Kosslyn, S. M., Thompson, W. L., Kim, I. J., y Alpert, N. M., «Topographical representations of mental images in primary visual cortex», *Nature*, 378 (1995), pp. 496-498.

Kosslyn, S. M., Pascual-Leone, A., Felician, O., Camposano, Susana *et al.*, *Science*, 284 (1999), pp. 167-170.

Kosslyn, S. M., Ganis, G., y Thompson, W. L., «Neural foundations of imagery», *Nature Reviews Neuroscience*, 2 (2001), pp. 635-642.

Kotas, M. E., y Medzhitov, R., «Homeostasis, inflammation, and disease susceptibility», *Cell*, 160 (5) (2015), pp. 816-827.

Kram, K. E., y Finkel S. E., «Culture volume and vessel affect long-term survival, mutation frequency, and oxidative stress of *Escherichia coli*», *Applied and Environmental Microbiology*, 80 (5), (2014), pp. 1732-1738.

Kram, K. E., y Finkel, S. E., «Rich medium composition affects *Escherichia coli* survival, glycation, and mutation frequency during long-term batch culture», *Applied and Environmental Microbiology*, 81(13) (2015), pp. 4442-4450.

Lacolley P., Owen J. R., Sandock K., Lewis T. H. J., Bates, J. N., Robertson, T. P. y Lewis S. J. «5-HT activates vagal afferent cell bodies in vivo: role of 5-HT2 and 5-HT3 receptors», *Neuroscience*, 143, 273–287 (2006), doi:10.1016/j.neuroscience.2006.07.032.

—, «Occipital artery injections of 5-HT may directly activate the cell bodies of vagal and glossopharyngeal afferent cell bodies in the rat», *Neuroscience*, 143 (2006), pp. 289-308, doi:10.1016/j.neuroscience.2006.08.047.

Land, B. B., Bruchas, M. R., Lemos, J. C., Xu, M., Melief, E. J., y Chavkin, C., «The dysphoric component of stress is encoded by activation of the dynorphin κ-opioid system», *Journal of Neuroscience*, 28 (2) (2008), pp. 407-414, https://doi.org/10.1523/JNEUROSCI.4458-07.2008.

Lang, P. M., y Grafe, P., «Chemosensitivity of unmyelinated axons in isolated human gastric vagus nerve», *Autonomic Neuroscience*, 136 (2007), pp. 100-104, doi:10.1016/j.autneu.2007.05.001.

Langer, S., *Feeling and Form: A Theory of Art Developed from Philosophy in a New Key*, Charles Scribner's Sons, Nueva York, 1953.

—, *Mind: An Essay on Human Feeling*, vol. II, The Johns Hopkins University Press, Londres y Baltimore, 1972.

LeDoux, J., *The Deep History of Ourselves*, Viking, Nueva York, 2019. Versión castellana: *Una historia natural de la humanidad: el apasionante recorrido de la vida hasta alcanzar nuestro cerebro consciente*, Paidós, Barcelona, 2021.

Le Roith, D., Shiloach, J., Roth, J., y Lesniak, M. A., *Proceedings of the National Academy of Sciences*, 77 (10) (1980), pp. 6184-6188.

Leakey, R., *The Origin of Humankind*, Basic Books, Nueva York, 1994. Versión castellana: *El origen de la humanidad*, Debate, Madrid, 2000.

Lévi-Strauss, C., *L'Anthropologie Face aux Problèmes du Monde Moderne*, Éditions du Seuil, París, 2011. Versión castellana: *La antropología frente a los problemas del mundo moderno*, Libros del Zorzal, Buenos Aires, 2012.

Levin, M., «The computational boundary of a "self": developmental bioelectricity drives multicellularity and scale-free cognition», *Frontiers in Psychology*, 10 (2019), https://doi.org/10.3389/fpsyg.2019.02688.

Lewontin, R. C., *Biology as Ideology: The Doctrine of DNA*, Harper Perennial, Nueva York, 1991.

Lotze, M., y Halsband, U., «Motor imagery», *Journal of Physiology—Paris*, 99, 4-6 (2006), pp. 386-395, https://doi.org/10.1016/j.jphysparis.2006.03.012.

Lowell, B. B., «New neuroscience of homeostasis and drives for food, water and salt», *New England Journal of Medicine*, 380 (2019), pp. 459-471.

Lyte, M., y Cryan, J. F., *Microbial Endocrinology: The Microbiota-Gut-Brain Axis in Health and Disease*, Springer, Nueva York, 2014.

Macho, A. P., y Zipfel, C., «Plant PRRs and the activation of innate immune signaling», *Molecular Cell*, 54, 2 (2014), pp. 263-272.

Man, K., y Damasio, A., «Homeostasis and soft robotics in the design of feeling machines», *Nature Machine Intelligence*, 1 (2019), pp. 446-452, doi.org/10.1038/s42256-019-0103-7.

Man, K., Kaplan, J. T., Damasio, A., y Meyer, K., «Sight and sound converge to form modality-invariant representations in temporo-parietal cortex», *Journal of Neuroscience*, 32 (47) (2012), pp. 16629-16636, doi.org/10.1523/JNEUROSCI.2342-12.2012.

Man, K., Kaplan, J. T., Damasio, H., y Damasio, A., «Neural convergence and divergence in the mammalian cerebral cortex: From experimental neuroanatomy to functional neuroimaging», *Journal of Comparative Neurology*, 521 (18) (2013), pp. 4097-4111, doi.org/10.1002/cne.23408.

Man, K., Damasio, A., Meyer, K., y Kaplan, J. T., «Convergent and invariant object representations for sight, sound, and touch», *Human Brain Mapping*, 36 (9) (2015), pp. 3629-3640, doi.org/10.1002/hbm.22867.

Margulis, L., *Symbiotic Planet: A New View of Evolution*, Basic Books, Nueva York, 1998. Versión castellana: *Planeta simbiótico: un nuevo punto de vista sobre la evolución*, Debate, Madrid, 2002.

Masland, R., *We Know It When We See It: What the Neurobiology of Vision Tells Us About How We Think*, Basic Books, Nueva York, 2020.

Maturana, H. R., y Varela, F. J., «Autopoiesis. The organization of living», en: Maturana, H. R., y Varela, F. J. (eds.), *Autopoiesis and Cognition*, Reidel, Dordrecht, 1980, pp. 73-155.

Mayer, E., *The Mind-Gut Connection: How the Hidden Conversation within Our Bodies Impacts Our Mood, Our Choices, and Our Overall Health*, HarperCollins, Nueva York, 2016. Versión castellana: *Pensar con el estómago: cómo la relación entre digestión y cerebro afecta a la salud y el estado de ánimo*, Grijalbo, Barcelona, 2017.

McCulloch, W. S., *Embodiments of Mind*, MIT Press, Cambridge (Massachusetts), 1965.

McCulloch, W. S., y Pitts, W., «A logical calculus of the ideas immanent in nervous activity», *The Bulletin of Mathematical Biophysics*, 5, (4) (1943) pp. 115-133.

McEwen, B. S., «Stress, adaptation, and disease: allostasis and allostatic load», *Annals of the New York Academy of Sciences*, 840 (1) (1998), pp. 33-44.

McFall-Ngai, M. J., «The importance of microbes in animal development: lessons from the squid-vibrio symbiosis», *Annual Review of Microbiology*, 68 (2014), pp. 177-194.

McKinley, M. J., *The Sensory Circumventricular Organs of the Mammalian Brain: Subfornical Organ, OVLT and Area Postrema*, Springer, Nueva York, 2003.

McMahon, S. B., La Russa, F., y Bennett, D. L. H., «Crosstalk between the nociceptive and immune systems in host defense and disease», *Nature Reviews Neuroscience*, 16 (7) (2015) pp. 389-402.

Meyer, K., y Damasio, A., «Convergence and divergence in a neural architecture for recognition and memory», *Trends in Neurosciences*, 32 (7) (2009), pp. 376-382, doi.org/10.1016/j.tins.2009.04.002.

Miller, S. L., «A production of amino acids under possible primitive earth conditions», *Science* (117) (1953), pp. 528-529, doi: 10.1126/science.117.3046.528.

Mix, L. J., «Defending definitions of life», *Astrobiology*, 15 (1) (2015), pp. 15-19.

Nagel, T., «What is it like to be a bat?», *The Philosophical Review*, 83 (4) (1974), pp. 435-450, doi.org/10.2307/2183914.

Nealson, K. H., y Hastings, J. W., «Quorum sensing on a global scale: massive numbers of bioluminescent bacteria make milky seas», *Applied and Environmental Microbiology*, 72 (4) (2006), pp. 2295-2297.

Nummenmaa, L., Glerean, E., Hari, R. y Hietanen, J. K., «Bodily maps of emotions», *Proceedings of the National Academy of Sciences*, 111 (2) (2014), pp. 646-651.

O'Craven, K. M., y Kanwisher, N., «Mental imagery of faces and places activates corresponding stimulus-specific brain regions», *Journal of Cognitive Neuroscience*, 12 (2000), pp. 1013-1023.

Palouzier-Paulignan, B., Chamoin, M-C., y Ternaux, J-P., «Somatic Acetylcholine Release in Rabbit Nodose Ganglion», *Eur J Neurosci*, 4 (1992), pp. 1123-1129, doi:10.1111/j.1460-9568.1992.tb00139.x.

Panksepp, J., *Affective Neuroscience: The Foundation of Human and Animal Emotions*, Oxford University Press, Nueva York, 1998.

—, «The basic emotional circuits of mammalian brains: Do animals have affective lives?», *Neuroscience & Biobehavioral Reviews*, 35 (9) (2011), pp. 1791-1804.

Panksepp, J., y Biven, L., *The Archeology of Mind*, W. W. Norton and Company, Nueva York, 2011.

Parakilas, J., «How music and our faculty are made for each other», *The Journal of the Royal Musical Association*, (2024), pp. 1-38, doi:10.1017/rma.2024.1.

Parsons, T., «Social systems and the evolution of action theory», *Ethics*, 90 (4), (1980), pp. 608-611.

Parvizi, J., y Damasio, A., «Consciousness and the brainstem», *Cognition*, 79 (1) (2001), pp. 135-160.

—, «Neuroanatomical correlates of brainstem coma», *Brain*, 126 (7) (2003), pp. 1524-1536.

Pascal, R., y Pross, A., «On the Chemical origin of biological cognition», *Life*, 12 (12) (2022), https://doi.org/10.3390/life12122016.

Pascal, R., Pross, A., y Sutherland, J. D., «Towards an evolutionary theory of the origin of life based on kinetics and thermodynamics», *Open Biology*, 3 (11) (2013), doi.org/10.1098/rsob.130156.

Penrose, R., «The emperor's new mind», *Royal Society for the Encouragement of Arts, Manufactures and Commerce*, 139 (5420) (1991), pp. 506-514, https://www.jstor.org/stable/41378098.

Persat, A., Nadell, C. D., Kim, M. K., Ingremeau, F., Siryaporn, A., Drescher, K., Wingreen, N. S., Bassler, B. L., Gitai, Z., y Stone, H. A., «The mechanical world of bacteria», *Cell*, 161 (5) (2015), pp. 988-997.

Pincherle, A., Rossi, F., Jöhr, J., Dunet, V., Ryvlin, P., Oddo, M., Schiff, N., y Diserens, K., «Early discrimination of cognitive motor dissociation from disorders of consciousness: pitfalls and clues», *Journal of Neurology*, 268 (2021), pp. 178-188, https://doi.org/10.1007/s00415-020-10125-w.

Pollan, M., «The intelligent plant», *The New Yorker*, diciembre 23 y 30 (2013).

—, *How to Change Your Mind: What the New Science of Psychedelics Teaches us About Consciousness, Dying, Addiction, Depression, and Transcendence*, Penguin Books, Nueva York, 2018.

Posner, J. B., Saper, C. B., Schiff, N. D., y Plum, F., *Plum and Posner's Diagnosis of Stupor and Coma,* Oxford University Press, Nueva York, 2007.

Postman, N., *Amusing Ourselves to Death: Public Discourse in the Age of Show Business*, Penguin, Nueva York, 2006.

Pressman, A., Blanco, C., y Chen, I. A., «The RNA world as a model system to study the origin of life», *Current Biology*, 25 (19) (2015), R953-R963.

Quiroga, R. Q., «Plugging into human memory: advantages, challenges, and insights from human single-neuron recordings», *Cell*, 179 (5) (2019), pp. 1015-1032, doi.org/10.1016/j.cell.2019.10.016.

Raichle, M. E., «The brain's default mode network», *Annual Review of Neuroscience*, 38 (2015), pp. 433-447.

Rainey, P. B., y Rainey, K., «Evolution of cooperation and conflict in experimental bacterial populations», *Nature*, 425 (6953) (2003), pp. 72-74.

Reber, A. S., «Conclusions in caterpillars, consciousness and the origins of mind», *Animal Sentience: An Interdisciplinary Journal on Animal Feeling*, 1 (11) (2016).

Robertson, M. P., y Joyce, G. F., «The origins of the RNA world», *Cold Spring Harbor Perspectives in Biology*, 4 (5) (2012), doi.org/10.1101/cshperspect.a003608.

Rovelli, C., *The Order of Time,* Riverhead Books, Nueva York,

2018. Versión castellana: *El orden del tiempo*, Anagrama, Barcelona, 2020.

Rudrauf, D., Bennequin, D., Granic, I., Landini, G., Fristone, K., y Williforndf, K., «A mathematical model of embodied consciousness», *Journal of Theoretical Biology*, 428 (2017), pp. 106-131, doi.org/10.1016/j.jtbi.2017.05.

Ruiz-Mirazo, K., Briones, C., y Escosura, A. de la, «Prebiotic systems chemistry: new perspectives for the origins of life», *Chemical Reviews*, 114 (1) (2014), pp. 285-366, doi.org/10.1021/cr2004844.

Sachs, M., Damasio, A., y Habibi, A., «The pleasures of sad music: a systematic review», *Frontiers in Human Neuroscience*, 9 (404) (2015), pp. 1-12, doi.org/10.3389/fnhum.2015.00404.

Sampson, T. R., Debelius, J. W., Thron, T., Janssen, S., Shastri, G. G., Ilhan, Z. E., Challis, C. *et al.*, «Gut microbiota regulate motor deficits and neuroinflammation in a model of parkinson's disease», *Cell*, 167 (6) (2016), pp. 1469-1480.

Sauer, S. K., Bove, G. M., Averbeck, B., y Reeh, P. W. «Rat peripheral nerve components release calcitonin gene-related peptide and prostaglandin E2 in response to noxious stimuli: evidence that nervi nervorum are nociceptors», *Neuroscience*, 92 (1999), pp. 319-325, doi:10.1016/s0306-4522(98)00731-3.

Schrödinger, E., *What is Life?*, Cambridge University Press, Cambridge, 1944.

Segerstrom, S. C., y Miller, G. E., «Psychological stress and the human immune system: a meta-analytic study of 30 years of inquiry», *Psychological Bulletin*, 130 (4) (2004), p. 601.

Sen, A., «The economics of happiness and capability», en: Bruni, L., Comim, F., y Pugno, M. (eds.), *Capabilities and Happiness*, Oxford University Press, Nueva York, 2008.

Seth, A. K., «Interoceptive inference, emotion and the embodied self», *Trends in Cognitive Sciences*, 17 (11) (2013), pp. 565-573.

Shackman, A. J., Salomons, T. V., Slagter, H. A., Fox, A. S., Winter, J. J., y Davidson, R. J., «The integration of negative affect, pain and cognitive control in the cingulate cortex», *Nature Reviews Neuroscience*, 12 (3) (2011), pp. 154-167.

Shapiro, R. E., y Miselis, R. R., «The central neural connections of the area postrema of the rat», *Journal of Comparative Neurology*, 234 (30), (1985), pp. 344-364.

Shewmon, D. A., «Anencephaly: selected medical aspects», *Hastings Center Report*, 18 (5) (1988), pp. 9-11.

Simmons, W. K., y Barsalou, L. W., «The similarity-in-topography principle: reconciling theories of conceptual deficits», *Cognitive Neuropsychology*, 20 (2003), pp. 451-486.

Singer, P., *The Expanding Circle: Ethics, Evolution, and Moral Progress*, Princeton University Press, Princeton, 2011.

Slotnick, S. D., Thompson, W. L., y Kosslyn, S. M., «Visual mental imagery induces retinotopically organized activation of early visual areas», *Cerebral Cortex*, 15 (2005), pp. 1570-1583.

Solms, M., *The Neuropsychology of Dreams*, Psychology Press, Londres y Nueva York, 1997.

—, *The Feeling Brain: Selected Papers on Neuropsychoanalysis*, Karnac Books, Londres, 2015.

—, *The Hidden Spring: A Journey to the Source of Consciousness*, Norton, Nueva York, 2021.

Sperandio, V., Torres, A. G., Jarvis, B., Nataro, J. P., y Kaper, J. B., «Bacteria—host communication: The language of hormones», *Proceedings of the National Academy of Sciences*, 100 (15) (2003), pp. 8951-8956.

Spitzer, J., Pielak, G. J., y Poolman, B., «Emergence of life: Physical chemistry changes the paradigm», *Biology Direct*, 10 (33) (2015), pp. 1-15.

Stefano, G. B., Salzet, B., y Fricchione, G. L., «Enkelytin and opioid peptide association in invertebrates and vertebrates: immune activation and pain», *Immunology Today*, 19 (6) (1998), pp. 265-268.

Swanson, L. W., *Brain Architecture: Understanding the Basic Plan*, Oxford University Press, Oxford, 2012.

Szathmáry, E., y Smith, J. M., «The major evolutionary transitions», *Nature*, 374 (6519) (1995) pp. 227-232.

Tattersall, I., *The Monkey in the Mirror: Essays on the Science of What Makes Us Human*, Harcourt, Nueva York, 2002.

Taylor, C., *Varieties of Religion Today: William James Revisited*, Harvard University Press, Cambridge (Massachusetts), 2002. Versión castellana: *Las variedades de la religión hoy*, Paidós, Barcelona, 2003.

Tejeda, H. A., Counotte, D. S., Oh, E., Ramamoorthy, S., Schultz-Kuszak, K. N., Bäckman, C. M., Chefer, V., O'Donnell, P., y Shippenberg, T. S., «Prefrontal cortical kappa-opioid receptor modulation of local neurotransmission and conditioned place aversion», *Neuropsychopharmacology*, 38 (9) (2013), pp. 1770-1779.

Thompson, D. W., *On Growth and Form*, Cambridge University Press, Cambridge (Reino Unido), 1942. Versión castellana: *Sobre el crecimiento y la forma*, Akal, Madrid, 2011.

Tomasello, M., *Natural History of Human Morality*, Harvard University Press, Cambridge (Massachusetts), 2016. Versión castellana: *Una historia natural de la moralidad humana*, Universidad de los Andes, Santiago de Chile, 2019.

Tononi, G., *Phi: A Voyage from the Brain to the Soul*, Pantheon, Nueva York, 2012.

—, *A Natural History of Human Thinking*, Harvard University Press, Cambridge (Massachusetts), 2014. Versión castellana: *Una historia natural del pensamiento humano*, Universidad de los Andes, Santiago de Chile, 2019.

Tootell, R. B. H., Switkes, E., Silverman, M. S., y Hamilton, S. L., «Functional anatomy of macaque striate cortex. II. Retinotopic organization», *Journal of Neuroscience*, 8 (1983), pp. 1531-1568.

Torday, J. S., «A central theory of biology», *Medical Hypotheses*, 85(1) (2015), pp. 49-57.

Trewavas, A. J., «Aspects of plant intelligence», *Annals of Botany*, 92 (2003), pp. 1-20.

—, «What is plant behaviour?», *Plant Cell and Environment*, 32, (2009), pp. 606-616.

Tsakiris, M., y De Preester, H. (eds.), *The Interoceptive Mind: From Homeostasis to Awareness*, Oxford University Press, Oxford (Reino Unido), 2019.

Turkle, S., *Alone Together: Why We Expect More from Technology and Less from Each Other*, Basic Books, Nueva York, 2011.

Vaccaro, A. G., Kaplan, J. T., y Damasio, A., «Bittersweet: the neuroscience of ambivalent affect», *Perspectives on Psychological Science*, 15 (2020), pp. 1187-1199.

Vanderschuren, L. J. M. J., Niesink, R. J. M., Spruijt, B. M., y Van Ree, J. M., «μ-and κ-opioid receptor- mediated opioid effects on social play in juvenile rats», *European Journal of Pharmacology*, 276 (3) (1995), pp. 257-266.

Vedral, V., *Decoding Reality: The Universe as Quantum Information*, Oxford University Press, Oxford, 2012.

Venkatraman, A., Edlow, B. L., e Immordino-Yang, M. H., «The brainstem in emotion: a review», *Frontiers in Neuroanatomy*, 11 (15) (2017), pp. 1-12.

Verweij, M., y Damasio, A., «Economics from a biological perspective: the role of sociocultural homeostasis», *Journal of Eco-*

nomic Methodology, 31(3) (2024), pp. 127-144, https://doi.org/10.1080/1350178X.2024.2352388.

Villarreal, L. P., «Are viruses alive?», *Scientific American*, 291(6) (2004), pp. 100-105, doi.org/10.2307/26060805.

Wang, R. L., y Chang, R. B., «The coding logic of interoception», *Annual Review of Physiology*, vol. 86 (2024), pp. 301-327, https://doi.org/10.1146/annurev-physiol-042222-023455.

Weber, S. R., y Pargament, K. I., «The role of religion and spirituality in mental health», *Current Opinion in Psychiatry*, 279 (5) (2014), pp. 358-363.

Wessberg, J., Stambaugh, C. R., Kralik, J. D., Beck, P. D., Laubach, M., Chapin, J. K., Kim, J., Biggs, S. J., Srinivasan, M. A., y Nicolelis, M. A., «Real-time prediction of hand trajectory by ensembles of cortical neurons in primates», *Nature*, 408 (2000), pp. 361-365, doi.org/10.1038/35042582.

Wiener, M., «The interaction of climate change and agency in the collapse of civilizations ca. 2300-2000 BC», *Radiocarbon*, 56 (4) (2014), S1-S16.

—, «Causes of complex systems collapse at the end of the bronze age», *"Sea Peoples" Up-to-Date* (2017), pp. 43-74.

Wiessner, P. W., «Embers of society: Firelight talk among the Ju/'hoansi Bushmen», *Proceedings of the National Academy of Sciences*, 111 (39) (2014), pp. 14027-14035.

Wilson, E. O., *The Social Conquest of the Earth*, Liveright Publishing Corporation, Nueva York, 2012. Versión castellana: *La conquista social de la Tierra*, Debolsillo, Barcelona, 2015.

—, *Sociobiology*, Harvard University Press, Cambridge (Massachusetts), 1975. Versión castellana: *Sociobiología: la nueva síntesis*, Omega, Barcelona, 1980.

Wong, W., Noreika, V., Móró, L., Revonsuo, A., Windt, J., Valli, K., y Tsuchiya, N., «The Dream Catcher experiment: blinded analyses failed to detect markers of the dreaming consciousness in EEG spectral power», *Neuroscience of Consciousness*, 6 (2020), doi.org/10.1093/nc/niaa006.

Wood, A. M., Joseph, S., y Maltby, J., «Gratitude uniquely predicts satisfaction with life: Incremental validity above the domains and facets of the five factor model», *Personality and Individual Differences*, 45 (1) (2008), pp. 49-54.

Woolf, V., *Moments of Being*, Houghton Mifflin Harcourt, Nueva York, 1985. Versión española: *Momentos de vida*, Lumen, Barcelona, 2025.

Young, L., Bechara, A., Tranel, D., Damasio, H., Hauser, M., y Damasio, A., «Damage to ventromedial prefrontal cortex impairs judgment of harmful intent», *Neuron*, 65 (6) (2010) pp. 845-851.

Zarkadakis, G., *In Our Own Image: Savior or Destroyer? The History and Future of Artificial Intelligence*, Pegasus Books, Nueva York, 2015.

Zizhen, Y., «Ahigh-resolution transcriptomic and spatial atlas of cell types in the whole mouse brain», *Nature*, 624 (2023), pp. 317-332.

Zmigrod, L., «The ideological brain: the radical science of flexible thinking», Harry Hold and Company, Nueva York, 2025.

NOTAS

1. Inteligencia natural y la lógica de la consciencia

1. Annila, A., y Annila, E. (2008); Crick, F. (1981); de Duve, C. (1995 y 2005); Dyson, F. (1999); Gantí, T. (2003); Kauffman, S. (2015); Higgs, P. G., y Lehman, N. (2015); Joyce, G. F. (2012); Mix, L. J. (2015); Pascal, R., Pross, A., y Sutherland, J. D. (2013); Pascal, R., y Pross, A. (2022); Robertson, M. P., y Joyce, G. F. (2012); Spitzer, J., Pielak, G. J., y Poolman, B. (2015).

2. D. Lewis ha escrito sobre los árboles y su compleja existencia de una forma científicamente rigurosa e inspiradora.

3. Los sentimientos (como el dolor o la sed) son eventos que ocurren de forma *privada, subjetiva*; cada uno de nosotros tiene acceso a ellos y, literalmente, nadie más lo tiene. Por otro lado, las emociones (como la alegría, la ira o el miedo) no solo se sienten en privado, sino que también son manifestaciones *públicas* que cualquiera puede observar en los demás. Permítanme añadir otra característica a estas descripciones para que podamos establecer una diferencia aún más radical entre los sentimientos y las emociones: los sentimientos han tenido que evolucionar relativamente pronto, tras la aparición del sistema nervioso, y han permanecido para servir magistralmente a la gestión de la vida. Es probable que las emociones hayan llegado más tarde para completar las habilidades de gestión de la vida y, en el caso de los seres humanos, para avanzar en nuestras carreras en el teatro de la vida. Me gustaría poder decirles en qué momento de la evolución han surgido, pero no lo sé.

2. Los enigmas de la consciencia

1. En un libro reciente, Leor Zmigrod (2025) ofrece una perspectiva interesante sobre el desarrollo de culturas diferenciadas cuya finalidad era resolver diversos problemas sociales humanos.

3. Un método y un plan

1. Había un método en la locura y un plan. Quería dejar claro que mi fascinación por los logros de la consciencia no tiene límites, pero, en este libro, mi objetivo principal tiene que ver con el modo como la naturaleza fabrica la consciencia.

4. En mis mentes

1. La *mente perceptiva* se produce literalmente en las principales cortezas sensoriales de las distintas modalidades sensoriales (vista, oído, tacto, gusto y olfato). La *mente reflexiva* se basa en cortezas cerebrales asociativas, sobre todo en las regiones parietal, frontal y temporal, donde se compone y se maneja el proceso de pensar según se necesite para tomar decisiones racionales y crear nuevos objetos e ideas. La *mente lingüística* utiliza cortezas del lenguaje situadas —en la mayoría de las personas cuyo lenguaje depende sobre todo del hemisferio izquierdo— en las regiones temporal, parietal y frontal.

2. La *mente sintiente* es un proceso bastante distinto. Aunque la corteza cerebral participa en los procesos de la mente sintiente, casi toda la acción crucial ocurre por debajo del nivel de la corteza, concretamente en las regiones superior y posterior del tronco cerebral y en el hipotálamo. Aquí es donde se proyectan las señales oriundas de todo el cuerpo (por ejemplo, las vísceras, las mucosas, los músculos lisos). Nuestra percepción primaria del organismo vivo se genera en esos núcleos críticos del tronco cerebral aunque más tarde «resuena» —literalmente— en distintas regiones de la corteza cerebral, como la ínsula y en las cortezas somatosensoriales.

3. Esta es una idea importante. En cada uno de nosotros actúan varios tipos de procesos mentales. Los que dominan el espectáculo mental son el *perceptivo*, el *reflexivo* y el *lingüístico*. Lo que

percibimos a nuestro alrededor, las reflexiones que hacemos sobre eso que percibimos y el lenguaje con el que contamos nuestras experiencias acaparan toda la atención. Pero el escenario teatral de todos estos acontecimientos es el cuerpo vivo y sintiente, y eso es harina de otro costal. Nos hacemos conscientes gracias a ese cuerpo vivo y sensible, profundamente anclado en los detalles físicos de nuestro interior, que informa continuamente a nuestra mente de cómo se está gestionando la vida en ese interior —o no.

4. Claude Bernard (1865).

5. Cannon, W. B. (1929 y 1932).

5. La mente integrada moderna

1. Este es un buen ejemplo de lo que entiendo por *mente reflexiva*, un proceso de recuperación y análisis de hechos relacionados que permite establecer comparaciones entre ellos y sacar conclusiones, y hacer un uso extensivo del lenguaje o de imágenes no verbales. El tenor que protagoniza mi anécdota es Michael Spyres.

2. El modo de procesamiento «por defecto» (Raichle, M. E., 2015; Menon, V., 2023) es uno de los facilitadores del proceso creativo. Interrumpe la continuidad perceptiva para dar paso a un proceso analítico en el que la reflexión y las comparaciones activan la creatividad. La memoria y la atención contribuyen a este proceso.

3. Muchas de las regiones cerebrales responsables de los procesos del modo por defecto están situadas en las cortezas mesiales, las que están una frente a la otra «mirándose» a través de la línea que separa los dos hemisferios.

4. Andreasen, N. C. (2006).

6. Sentir que existo

1. Bagriantsev, S. N., y Gracheva, E. O. (2015); Carvalho, G. B., y Damasio, A. (2021); Cea, I., y Martinez-Peria, D. (2023); Craig, A. D. (2003); Lowell, B. B. (2019); McKinley, M. J. (2003).

2. Nunca está de más refutar la noción de un «valor de referencia» para la homeostasis. La complejidad del proceso vital es tal

que siempre hay rangos de valores compatibles con una homeostasis general adecuada.

3. Damasio, A., y Damasio, H. (2022; 2023 a, b, c; 2024).

4. Cech, T. R. (2012); Coppola, P. (2023); Craig, A. D. (2003); Dawkins, R. (2006); De Preester, H. (2019); Ginsburg, S., y Jablonka, E. (2019); Gizowski, C., y Bourque, C. W. (2018); Gracheva, E .O., y Bagriantsev, S. N. (2015).

8. Prodigios de la interocepción

1. Zizhen, Y. (2016).

11. Que surja la consciencia

1. La «doble naturaleza» de los sentimientos homeostáticos supone un importante matiz. Veamos un ejemplo: cuando tenemos un sentimiento específico, como «presión» o «picazón» en una parte del cuerpo —una representación «mental» de algo que ha cambiado en nuestro cuerpo—, es probable que el organismo envíe una respuesta automática a ese punto para reducir la presión o la picazón. A esto me refiero cuando escribo sobre el componente «visceromotor» del proceso de fabricación del sentimiento, y por eso insisto en la sutil naturaleza «dual» de los sentimientos homeostáticos. Esta dualidad solo es posible en el mundo de la interocepción. En el mundo de la exterocepción, no existe nada parecido. La importancia de los sentimientos homeostáticos en los organismos vivos no se puede subestimar.

2. La propiocepción, el «sentido» olvidado que nos permite realizar movimientos voluntarios, es única en varios aspectos. Las neuronas implicadas son «modernas» porque, a diferencia de las neuronas interoceptivas, suelen estar mielinizadas, es decir, revestidas por la mielina, que es un aislante. Sin embargo, distribuidas en medio de esas neuronas propioceptivas relativamente modernas, que nos permiten percibir nuestra posición en el espacio y nos ayudan a navegar por el espacio circundante, también hay neuronas interoceptivas que nos ayudan a descubrir la «tensión» o la «relajación» de nuestros músculos estriados y, lo que es más importante, a sentir el dolor que puede causar el esfuerzo de uno de esos admirables músculos atléticos.

13. Más sobre la neurobiología de la interocepción

1. Craig, A. D. (2003 y 2015); Berridge, K. C., y Kringelbach, M. L. (2015).
2. Singer y Damasio, 2025.
3. Carvalho, G., y Damasio, A. (2021); Damasio, A., y Carvalho, G. (2013); Damasio, A., y Damasio, H. (2023 y 2024.a).
4. Los haces de Remak en el nervio vago son conjuntos de fibras nerviosas no mielinizadas, agrupadas sin espacio alguno entre ellas. Este diseño anatómico favorece claramente la señalización «lateral», un buen ejemplo de lo que imagino como la base del fenómeno de la mezcla.

14. Sobre la consciencia y sobre las mentes

1. Una consecuencia de la perspectiva anterior sobre la génesis de la consciencia es que no existe algo así como la «consciencia ampliada» o extendida, un concepto que introduje en su día y que entonces creí útil. [Véase, por ejemplo, *El error de Descartes* (1994/2005) y *La sensación de lo que ocurre* (Damasio, A., 1999).] Se podría hablar, en cambio, de una mente «extendida», en contraposición a una mente «básica», dependiendo de la cantidad, estratificación y complejidad de las relaciones entre los elementos dentro de esa mente, y de su obligado acompañamiento «musical» por sentimientos homeostáticos. De hecho, *lo que se amplía y expande es el ámbito del proceso mental* con la ayuda del proceso de consciencia que señala continuamente la existencia del respectivo sujeto «propietario» y vuelve conscientes muchos otros componentes mentales. Aun así, la mejor forma de referirse a este complejo despliegue de conocimiento en nuestras propias mentes conscientes es el término *mente integrada*, que ya hemos discutido anteriormente (ver capítulo 5).
2. Chalmers, D. (1996).
3. Panksepp, J. (1996), y Craig, A. D. (2003, 2015).
4. Dehaene, S., y Changeux, J. P. (1988).
5. Crick, F., y Koch, C. (1990; 2003).
6. Edelman, G., y Tononi, G. (2000).
7. Tononi, G. (2012).
8. Friston, K. (2005).
9. Solms, M. (2021).

10. Frank, A., Gleiser, M., y Thompson, E. (2025).
11. «Adversarial testing of GNW and IIT theories of consciousness», *Nature* 642 (2025), pp. 133-142.

15. La consciencia y su pérdida

1. Posner, J. B., Saper, C. B., Schiff, N. D., y Plum, F. (2007), una edición más completa del volumen original publicado por primera vez en 1970 por Plum, F., y Posner, J. B.
2. Parvizi, J., y Damasio, A. (2003); Fisher, D. B. *et al.* (2016); Coppola, P. (2023 y 2025).
3. Shewmon, D.A., Holmes, G., y Byrne, P. (1999); Aleman, B., y Merker, B. (2014), Damasio, H., y Damasio, A. (1989); Damasio, H., Grabowski, T., Frank, R., Galaburda, A. M., y Damasio, A. (1994).
4. Damasio, H., y Damasio, A. (1989); Damasio, H., Grabowski, T., Frank, R., Galaburda, A. M., y Damasio, A. (1994).
5. Freud, S. (1995 y 2010); Jung, C. J. (2009); Solmes, M. (1997).

16. Sobre la temperatura corporal y la respiración

1. Nancini, S., y Siemens, J. (2024); Song, K. *et al.* (2016).
2. Gracheva, H., y Bagriantsev, S. (2015).

17. Sobre el hambre y la sed

1. La sed está regulada por una subregión del hipotálamo, la *lamina terminalis*, una estructura compleja que puede detectar la concentración de solutos en la sangre. La hiperconcentración desencadena la sed, lo que nos lleva a beber, reduciendo la concentración de solutos (Leib, Zimmerman y Night, 2016).
2. Damasio, A., Damasio, H., Tranel, D. (2012).

18. Sobre el dolor y la náusea

1. Los opioides *endógenos* son moléculas químicas producidas dentro del cuerpo (normalmente por el cerebro) con efectos

analgésicos parecidos a los del opio y otras sustancias naturales afines. Son ejemplos de opioides endógenos las encefalinas y las endorfinas.

19. La sintiencia de las plantas y de los árboles

1. Damasio, A. (2018).
2. Damasio, A., y Damasio, H. (2024.b).
3. En el uso de la denominación «neurobiología vegetal», destacan Reber y Baluska. Baluška, F., y Mancuso, S. (2009); Baluška, F., y Levin, M. (2016); Baluška, F., y Reber, A. (2019).
4. Véase Baluška, F., *et al.* (2011).

22. Inteligencia artificial

1. Los comentarios de Geoffrey Hinton sobre los peligros de la IA son de fácilmente acceso, en concreto en una entrevista de 2024 en el programa *60 Minutes*.
2. La idea de introducir vulnerabilidad en los dispositivos artificiales fue propuesta por primera vez por mi antiguo alumno y ahora colega Kingson Man en un artículo que escribimos juntos y que se publicó en *Nature Machine Intelligence* en 2019 (Man, K. y Damasio, A., 2019). La perspectiva que presento en este capítulo es bastante benévola, pero la verdad es que no podemos estar seguros en absoluto de que la vulnerabilidad impida comportamientos robóticos muy indeseables. Sin embargo, es probable que el desarrollo de la robótica vulnerable proporcione una excelente plataforma experimental para investigar la posibilidad de que la mente y la consciencia lleguen a desarrollarse, en algún momento, en dispositivos artificiales.
3. Lulla, Roshni (2024).

23. Elogio de ancestros, compañeros y sucesores

1. Dennett, D. C. (1993; 1995; 2018; 2023); Chalmers, D. J. (1996); Churchland, P. S. (1984); Searle, J. (1992); Block, N. (1995); Nagel, T. (1974).
2. Crick, F., y Koch, C. (1990).

3. Craig, A. D. (2015; 2003); Berridge, K. C., y Kringelbach, M. L. (2015); Solms, M. (2015); Tsakiris, M., y De Preester, H. (2019).

4. Posner, J. B., Saper, C. B., Schiff, N. D., y Plum, F. (2007).

5. Domínguez, A. A. (2021).

24. Un apunte sobre la historia de la vida

1. «Manto de Markov» es un concepto estadístico. Define los límites de un sistema, como una célula, sobre una base estadística. También se le llama «límite de Markov».

2. Debemos este descubrimiento a Moh El-Naggar.

3. Maturana y Varela (Maturana, H. y Varela, F., 1980) y Tibor Ganti (Ganti, T., 2003) y Arthur Reber (Reber, A., 2022) son fervorosos defensores de esta perspectiva.

4. Darwin, C. (1860).

25. Cobrar vida

1. Baluška, F., y Reber, A. (2019).

26. Sobre la vida, la inteligencia y las mentes

1. Como ya he mencionado, la expresión *problema difícil* de la consciencia fue acuñada por el filósofo David Chalmers (Chalmers, D., 1996).

2. Pascal, R., y Pross, A. (2022).

3. Miller, S. L. (1953); Gánti, T. (2003).

4. Maturana, H. R., y Varela, F. J. (1980).